国网山东省电力公司
电网小型基建与生产辅助技改大修项目
作业指导书

国网山东省电力公司后勤保障部　组编

中国电力出版社

CHINA ELECTRIC POWER PRESS

图书在版编目（CIP）数据

　国网山东省电力公司电网小型基建与生产辅助技改大
修项目作业指导书／国网山东省电力公司后勤保障部组
编. -- 北京：中国电力出版社，2024. 12. -- ISBN
978-7-5198-9485-6

　Ⅰ. TM7

　中国国家版本馆 CIP 数据核字第 20257U2Z32 号

出版发行：中国电力出版社
地　　址：北京市东城区北京站西街 19 号（邮政编码 100005）
网　　址：http://www.cepp.sgcc.com.cn
责任编辑：罗　艳（010-63412315）
责任校对：黄　蓓　张晨荻
装帧设计：张俊霞
责任印制：石　雷

印　　刷：廊坊市文峰档案印务有限公司
版　　次：2024 年 12 月第一版
印　　次：2024 年 12 月北京第一次印刷
开　　本：710 毫米×1000 毫米　16 开本
印　　张：8.25
字　　数：75 千字
印　　数：0001—1500 册
定　　价：68.00 元

编 委 会

编 写 组

前　言

　　为认真贯彻落实国家电网有限公司及公司党委依法治企工作要求，进一步健全完善电网小型基建、生产辅助技改大修等后勤工程项目依法合规管理机制和体系，国网山东省电力公司后勤保障部组织编写了《国网山东省电力公司电网小型基建与生产辅助技改大修项目作业指导书》。

　　本作业指导书引用国家相关法律条文、规章制度和公司管理规定，梳理近年来电网小型基建、生产辅助技改大修项目巡视巡察、审计审查典型问题，旨在为后勤工程项目管理过程中消除薄弱环节、堵塞管理漏洞、化解经营风险提供指导，持续提升依法治理、依法管理和依法经营水平，坚决筑牢后勤工程项目管理"法治"防线。

　　本作业指导书分为电网小型基建项目和生产辅助技改大修项目两个部分，每个部分按照项目建设流程，主要包括以下三方面内容：

　　（1）工作内容。主要讲述电网小型基建、生产辅助技改大修项目各个阶段工作流程、需要准备的资料等。

　　（2）依法合规管控注意事项。主要讲述电网小型基建、生产辅助技改大修项目依法合规管理要点，提出防范可能出现的问题。

　　（3）涉及相关信息系统填报。主要讲述电网小型基建、生产辅助技改大修项目在各个阶段需要填报的系统模块。

　　本作业指导书适合公司电网小型基建、生产辅助技改大修项目管理人员使用。为提高可读性和实用性，采取全面指导、重点突出，但不面面俱到的写法，重要节点详细表述，在相应节点注明进一步学习参考的规章制度、已出版各类管理手册等，便于管理人员搭建工作框架、精准开展相关工作。建设过程管理编制的深度为建设单位应该了解并能够规范履责的深度。

本作业指导书由国网山东省电力公司后勤保障部统一组织，国网青岛、济南、淄博、潍坊、烟台供电公司等联合编写。在作业指导书的编写过程中，还得到了其他兄弟单位的支持和帮助，在此表示衷心的感谢。

限于编者水平，加之项目相关管理要求存在地区差异，部分专业管理内容仍需进一步深化研究和开拓探索，书中难免存在不足及疏漏之处，恳请广大读者批评指正。

编者

2024 年 10 月

目 录

前言

第1篇　电网小型基建项目

1　项目概念及分类 ·· 2

1.1　项目概念 ··· 2

1.2　项目分类 ··· 2

1.3　项目管理流程概述 ·· 3

2　项目前期管理 ·· 5

2.1　项目计划管理 ··· 5

2.1.1　工作内容 ··· 5

2.1.2　依法合规管控注意事项 ··· 6

2.1.3　涉及相关信息系统填报 ··· 8

2.2　项目前期报告的编制 ··· 8

2.2.1　工作内容 ··· 8

2.2.2　依法合规管控注意事项 ··· 11

2.2.3　涉及相关信息系统填报 ··· 12

2.3　项目前期建设手续办理 ·· 13

2.3.1　工作内容 ··· 13

2.3.2　依法合规管控注意事项 ··· 25

2.3.3　涉及相关信息系统填报 ··· 32

3 项目建设过程管理 ·· 33

　3.1　开工前准备阶段 ··· 33

　　3.1.1　工作内容 ··· 33

　　3.1.2　依法合规管控注意事项 ······························· 35

　　3.1.3　涉及相关信息系统填报 ······························· 36

　3.2　项目施工阶段 ··· 37

　　3.2.1　工作内容 ··· 37

　　3.2.2　依法合规管控注意事项 ······························· 47

　　3.2.3　涉及相关信息系统填报 ······························· 51

　3.3　验收阶段 ··· 51

　　3.3.1　工作内容 ··· 51

　　3.3.2　依法合规管控注意事项 ······························· 58

　　3.3.3　涉及相关信息系统 ······································ 59

4 项目后期管理 ·· 60

　4.1　不动产登记管理 ·· 60

　　4.1.1　工作内容 ··· 60

　　4.1.2　依法合规管控注意事项 ······························· 60

　　4.1.3　涉及相关信息系统 ······································ 61

　4.2　工程移交管理 ··· 61

　　4.2.1　工作内容 ··· 61

　　4.2.2　依法合规管控注意事项 ······························· 64

　　4.2.3　涉及相关信息系统 ······································ 64

4.3 质保维修管理 ·· 65

   4.3.1 质量保修 ·· 65

   4.3.2 依法合规注意事项 ···························· 67

   4.3.3 涉及相关信息系统 ···························· 67

第 2 篇 生产辅助技改大修项目

5 概念及分类 ·· 70

5.1 项目概念 ·· 70

5.2 项目分类 ·· 71

5.3 项目管理流程概述 ···································· 72

6 项目开工前管理 ·· 73

6.1 项目计划管理 ·· 73

   6.1.1 工作内容 ·· 73

   6.1.2 依法合规注意事项 ···························· 77

   6.1.3 涉及相关信息系统 ···························· 78

6.2 初步设计和施工图管理 ······························ 79

   6.2.1 初步设计管理 ·································· 79

   6.2.2 施工图管理 ···································· 81

   6.2.3 依法合规注意事项 ···························· 82

   6.2.4 涉及相关信息系统 ···························· 82

6.3 招标管理 ·· 83

6.3.1 工作内容 …………………………………… 83

6.3.2 依法合规注意事项 ……………………………… 85

6.3.3 涉及相关信息系统 ……………………………… 85

6.4 合同管理 ………………………………………… 85

6.4.1 工作内容 …………………………………… 85

6.4.2 依法合规注意事项 ……………………………… 86

6.4.3 涉及相关信息系统 ……………………………… 87

6.5 废旧物资管理和政府主管部门审批手续 ……………… 87

6.5.1 废旧物资管理 ……………………………… 87

6.5.2 政府主管部门审批手续 ……………………… 88

6.5.3 依法合规注意事项 ……………………………… 88

6.5.4 涉及相关信息系统 ……………………………… 88

7 建设过程管理 ……………………………………… 89

7.1 开工管理 ………………………………………… 89

7.1.1 工作内容 …………………………………… 89

7.1.2 依法合规注意事项 ……………………………… 92

7.1.3 涉及相关信息系统 ……………………………… 93

7.2 过程管理 ………………………………………… 93

7.2.1 工作内容 …………………………………… 93

7.2.2 依法合规注意事项 ……………………………… 103

7.2.3 涉及相关信息系统 ……………………………… 106

7.3 验收阶段 ………………………………………… 106

  7.3.1 工作内容 ·· 106

  7.3.2 依法合规注意事项 ·· 110

  7.3.3 涉及相关信息系统 ·· 111

8 项目后期管理 ··· 112

 8.1 **工程移交管理** ··· 112

  8.1.1 工作内容 ·· 112

  8.1.2 依法合规注意事项 ·· 114

  8.1.3 涉及相关信息系统 ·· 114

 8.2 **评价管理** ··· 115

  8.2.1 工作内容 ·· 115

  8.2.2 依法合规注意事项 ·· 115

  8.2.3 涉及相关信息系统 ·· 116

 8.3 **质保维修管理** ··· 116

  8.3.1 工作内容 ·· 116

  8.3.2 依法合规注意事项 ·· 118

  8.3.3 涉及相关信息系统 ·· 119

第1篇

电网小型基建项目

1 项目概念及分类

1.1 项目概念

电网小型基建项目是指为企业生产经营服务的调度控制、生产管理、运行检修、营销服务、物资仓储、科研实验、教育培训用房和其他非经营性生产配套设施的新建、扩建和购置。

1.2 项目分类

1.2.1 电网小型基建项目按使用功能分为调度控制、生产管理、运行检修、营销服务、物资仓储、科研实验、教育培训以及其他用房。

（1）调度控制用房指各分部、各单位运行调度控制楼。

（2）生产管理用房指地市公司级单位、县公司级单位生产综合用房。

（3）运行检修用房指省检修分公司及区域检修分部（市域工区）用房，地市供电公司输、变、配运检工区、检修试验工区及市检修公司县域检修分公司用房，区县供电公司配电运检工区用房。

（4）营销服务用房指计量中心、供电服务中心、客服中心、供电营业所、营业网点等用房。

（5）物资仓储用房指独立的生产库房及其附属用房。

（6）科研实验用房指科学研究实验及其附属用房。

（7）教育培训用房指技术（能）及经营管理培训用房。

（8）其他用房指倒班宿舍、医疗卫生场所、离退休人员活动室等上述归类中未涵盖的项目。

1.2.2　电网小型基建项目按照建筑和投资规模分为限上项目、限下项目、零星项目。限上项目指总投资 2000 万元及以上（不含征地费），或建筑面积 5000 平方米及以上的项目；限下项目指总投资 100～2000 万元（不含征地费），且建筑面积 5000 平方米以下的项目；零星项目指总投资 100 万元及以下（不含征地费）的项目。

1.3　项目管理流程概述

项目储备阶段，申报小型基建项目应编制项目建议书（一般省公司每年 6～7 月组织评审），落实项目实施必要性、可行性等，上报国家电网公司审核通过后纳入综合计划并于次年（一般在 2 月）下达。综合计划下达后，国家电网公司系统内部组织开展可行性研究报告评审、初设评审、建设过程备案，建设单位对外开展土地规划等前期手续办理，至

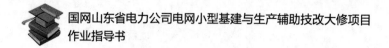
完成施工许可办理后方可开工。工程施工期间，应规范组建业主、监理、施工、造价咨询项目部，落实各方安全、进度、质量、造价等管理责任，抓好施工过程管理。项目竣工后，按要求及时完成房产权证办理、档案移交、结算决算等工作。

2 项目前期管理

2.1 项目计划管理

2.1.1 工作内容

1. 计划启动阶段

每年 5 月 1 日前,各级单位启动下一年度电网小型基建项目专项计划建议编制工作,提出项目建设需求。当年 7 月 31 日前,省公司后勤部汇总初评形成年度电网小型基建项目专项计划建议(含项目建议书),经审核后报国网后勤部。

2. 计划审核阶段

当年 9 月 30 日前,国网后勤部审核国家电网公司年度电网小型基建项目专项计划建议,经审核通过的项目列入国家电网公司电网小型基建储备项目。当年 10 月 31 日前,省公司后勤部依据审核通过的储备项目,编制年度电网小型基建项目专项计划报国网后勤部。

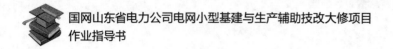
3. 计划评审下达阶段

当年 11 月 30 日前，国网后勤部完成电网小型基建项目专项计划评审，纳入国家电网公司综合计划和预算草案，总部负责确定和下达限上项目清单，省公司负责确定和下达限下及零星项目清单。次年 2 月底前，国网发展部将审议通过的综合计划统一下达各级单位执行。

2.1.2 依法合规管控注意事项

1. 严格落实公司决策要求

各单位小型基建年度专项计划需根据省公司后勤部要求上会研究后上报，具体决策要求应与办公室做好沟通，按照各单位"三重一大"（重大决策、重要人事任免、重大项目安排和大额度资金运作）决策管理办法及权责清单开展相关工作，并留存履行决策的相关记录。在上会汇报中除说明项目基本情况外，还应对拆除原建筑、新征土地等事项进行描述。

防范可能出现的问题：小型基建年度专项计划、预算调整等未履行"三重一大"等公司决策程序。

2. 明确项目审批权限

按照《国家电网有限公司关于印发总部"放管服"第一批事项清单的通知》（国家电网办〔2019〕283 号）和《国网山东省电力公司关于

印发本部"放管服"第一批事项清单的通知》（鲁电办〔2019〕333号）要求，电网小型基建项目管理权限划分如下。

（1）国网公司职责界面：负责限上项目、楼堂馆所等政策严控类和周转住房等项目可研审批；负责"三重一大"项目（指建筑面积1万平方米及以上，或总投资1亿元及以上的项目）及楼堂馆所等政策严控类和周转住房等项目初步设计审批。

（2）省公司职责界面：负责限下项目和零星项目（不含楼堂馆所等政策严控类和周转住房）等项目可研评审。负责除"三重一大"项目、楼堂馆所等政策严控类和周转住房等非生产类外的电网小型基建限上项目初步设计审批及500～2000万元限下项目初设审批。

（3）市公司职责界面：负责限下（500万元以下）项目和零星项目初步设计审批。

防范可能出现的问题：申报项目涉及不合理的楼堂馆所配置，"放管服"权限不明确。

3．加强项目计划和预算管理

《国家电网有限公司电网小型基建项目管理办法》（国家电网企管〔2019〕425号）第二十八条"各级单位要严格电网小型基建项目计划和预算管理，严禁超出公司下达的电网小型基建项目建筑规模和投资规模计划。建筑规模或投资规模超原下达计划10%及以上、列入计划超过

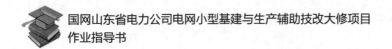

2 年未开工建设、限上项目变更建设地点的项目，须重新履行公司审批程序。建筑规模或投资规模超原下达计划 10%及以上的项目单位，两年内不得上报新开工电网小型基建项目。"

防范可能出现的问题：严防项目出现"三超"情况（超规模、超投资、超标准建设）；严格进度管控，防止项目实施进度严重滞后里程碑进度计划，无法开工。

2.1.3　涉及相关信息系统填报

计划启动阶段需要填报智慧后勤服务保障平台（ESA）专项计划建议模块。计划审核阶段需要填报预算管控平台的基本信息和类似项目对比模块。计划储备阶段需要填报项目统一储备库系统的基本信息及项目审批。

2.2　项目前期报告的编制

2.2.1　工作内容

1. 项目建议书编制

项目建设单位按要求编制项目建议书，内容参照《国家电网有限公司电网小型基建项目管理办法》（国家电网企管〔2019〕425 号）中的

附件 2《国家电网有限公司电网小型基建项目建议书内容》执行。项目
建设的必要性、可行性和建筑规模的合理性要论证充分。

项目建议书可以自己编制，也可以委托专业单位编制，如需委托专
业单位应规范完成采购，具体如下：根据《国家电网有限公司电网小型
基建项目管理办法》（国家电网企管〔2019〕425 号）第十五条"拟纳
入年度专项计划建议安排的项目，由各级单位组织开展方案论证工作，
并编制电网小型基建项目建议书，所需费用列入本单位年度预算。"项
目建议书编制费用纳入年度成本费用，故需委托专业单位编制项目建议
书应在年初年度预算中列支相应费用，避免因无预算导致无法招标。项
目建议书编制服务通过授权采购批次采购，应在项目建议书评审前完成
采购及合同签订，供应商应选择具有设计资质的单位。

2. 可行性研究报告编制

各级单位依据下达的公司综合计划和预算，严格执行国家电网公司
电网小型基建项目可行性研究报告内容规定，依规委托具有资质的单位
编制可行性研究报告。项目可研内容参照《国家电网有限公司电网小型
基建项目管理办法》（国家电网企管〔2019〕425 号）中的附件 3《国家
电网有限公司电网小型基建项目可行性研究报告内容》执行。项目估算
及建设面积严禁超出项目建议书批复内容，设计深度应基本达到初步设
计阶段标准，争取完成地质勘察等基础工作。编制原则及依据应包括综

合计划批文、所采用的定额、取费标准，人、材、机调整依据，其他费用中各类费用计取的依据性文件等。对于有征地费用的应说明单价计列的依据。

3. 初步设计编制

建设单位依据项目总体进度计划，依法选择设计单位，组织编制项目初设并上报审核。项目初步设计报告内容参照《电网小型基建项目初步设计内容深度规定》（Q/GDW 11843—2018）规定执行，应取得建设场地的气象、地理、水文等条件，市政基础设施，工程地质条件，如详细勘察阶段的岩土工程勘察报告、水源电源接入条件等，设计深度应基本达到施工图设计阶段标准。项目概算及建设面积严禁超出可研批复内容。

4. 初步设计审查

（1）所有新建项目，必须于当年9月30日之前取得初步设计批复。

（2）年中计划调整的项目，应于计划下达6个月内取得初步设计批复。

（3）属于国网后勤部和省公司审批的项目，应于每月20日前报送下月评审申请（最晚申请时间为当年的8月20日），申请表详见附件。

（4）属于各单位自行评审的项目，要严格按照时间要求安排评审，并于9月30日前完成评审及批复。取得批复后要及时上传智慧后勤服务保障平台备案。

（5）评审前应满足如下要求：已取得土地证或建设用地规划许可证，

已完成地质勘察取得地质勘查报告，已取得政府关于规划设计的核准文件或初步意见等。

（6）乡镇供电所项目要按照国网山东省电力公司关于印发《国网山东省电力公司乡镇供电所生产营业用房典型设计》的通知（鲁电后勤〔2016〕459号）开展初步设计。

（7）初步设计评审后，应及时提交审定版的初步设计文件电子版，包括初步设计说明书、初步设计图纸和初步设计概算书，同时上传智慧后勤服务保障平台备案。电子版文件需要设计单位在封面上加盖公章，并注明"审定版"，设计院各级人员需在签字页上签字，电子版需做成一个PDF文件。

2.2.2 依法合规管控注意事项

1. 项目建议书编制要点

项目建设必要性的论证要点：抓住要点说明现状。要点是客观说明用房现状，即"危房、规划拆迁、无房租赁以及到期无法续租、生产用房紧张、机构新增"等，而不是主观强调承担业务的重要性，同时对要点提供相应的支撑性文件。

项目建设可行性的论证要点：项目可行性主要需落实用地落实情况和规划可行性，要与主管部门（一般为属地自然资源和规划局）做好沟

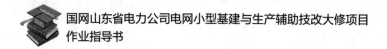
通落实。用地落实情况要提供与当地政府部门签订土地使用协议、纪要或存量土地土地证等土地落实支持性文件，明确是否符合用地要求、用地取得方式、土地费用等。规划可行性要落实项目建设是否符合控制性详细规划等各类规划要求，避免项目下达后难以实施。

规范采购要点：需委托专业单位编制的要提前谋划，将费用在年初纳入公司年度预算，要在项目建议书评审前完成采购及合同签订。

防范可能出现的问题：未考虑土地、规划等主管部门要求，导致项目无法按期规范实施，产生遗留问题。项目建议书编制服务采购无预算招标、采购时间与实施时间倒置。

2. 可行性研究报告、初步设计编制要点

初步设计应在与可行性研究报告批复范围内开展，初设与可研批复单位不同的项目，初设较可研批复内容发生较大变化的（如建设地点、外立面、整体布局变化等）应在初设批复前向可研批复单位书面请示。可研、初设编制服务要在评审前完成招投标及合同签订工作。

防范可能出现的问题：初设较可研超估算、超规模、超标准或擅自发生重大变更；可研、初设编制服务采购时间与评审时间倒置。

2.2.3 涉及相关信息系统填报

项目建议书需要填报智慧后勤服务保障平台专项计划建议管理模

块。可行性研究报告需要填报智慧后勤服务保障平台前期审批管理模块。初步设计文件需要填报智慧后勤服务保障平台前期审批管理模块。

2.3 项目前期建设手续办理

2.3.1 工作内容

工程前期手续一般在属地政务服务中心办理，由属地行政审批局一体受理，主管部门后台经办。各地区前期手续办理具有一定差异性，前期手续流程图（如图 1-1 所示）及需提交资料请根据属地具体要求执行，以下手续办理流程及申报材料仅做参考。

1. 项目立项管理

项目立项分为审批、核准和备案等三种方式，依据《政府核准的投资项目目录》（国发〔2016〕72 号）等文件，小型基建项目政府立项一般为备案制。

项目立项资料一般包括立项申请报告、立项申请表、土地权属证明文件等。项目立项应按照当地主管部门要求进行申报，根据《企业投资项目核准和备案管理办法》（中华人民共和国国家发展和改革委员会令第 2 号），项目立项一般通过"全国投资项目在线监管平台"进行申报。

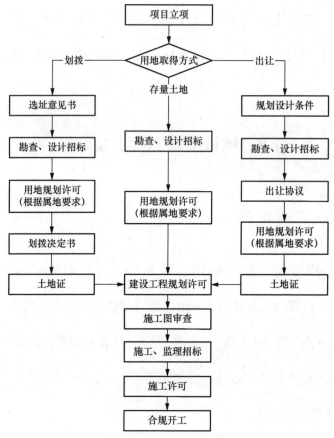

图 1-1　前期手续流程图

2. 建设用地手续办理

该阶段主管部门一般为属地自然资源和规划局。土地分类：城乡用

地分为建设用地和非建设用地 2 大类、9 中类、14 小类。城市建设用地

为城乡用地分类的一小类，分为居住用地、公共管理与公共服务用地、

商业服务业设施用地、工业用地、物流仓储用地、道路与交通设施用地、

公用设施用地和绿地与广场用地 8 大类、35 中类、42 小类。

土地所有权：城市市区的土地属于国家所有，农村和城市郊区的土地，除由法律规定属于国家所有的以外，属于农民集体所有，宅基地和自留山、自留地，属于农民集体所有。国有土地和农民集体所有的土地，可以依法确定给单位或个人使用，使用土地的单位和个人，有保护、管理和合理利用土地的义务。

土地使用权：建设单位使用国有土地，应当以划拨或出让等方式取得。土地用途符合《划拨用地目录》（中华人民共和国国土资源局令第9号）的，经县级以上人民政府依法批准，可以以划拨方式取得，其他土地一般以出让方式取得。

（1）用地规划阶段。

经规划部门依法审核，建设用地符合城乡规划要求的法律凭证。

选址意见书（划拨）/规划条件（出让）申报材料：申请表；项目立项文件。该步骤可能与建设用地规划许可合并办理。

建设用地规划许可证申报材料：建设用地规划许可证申请表（网站下载，填写打印后盖建设单位公章）；建设项目批准、核准或者备案文件；现状地形图；划拨决定书或国有土地使用权出让合同及补充协议（复印件，需核验文件），以及反映实际出让土地范围的勘测定界图纸。

（2）土地证办理阶段。办理土地划拨申请材料：

1）申请表（窗口出）；

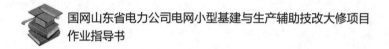
2）申请人身份证明（委托书、营业执照、法人被委托人身份证复印件）；

3）土地权属来源证明（划拨决定书）；

4）不动产权籍调查及不动产测绘成果报告。

办理土地出让申请材料：

1）申请表（窗口出）；

2）申请人身份证明（委托书、营业执照、法人被委托人身份证复印件）；

3）土地权属来源证明（成交确认书、出让合同、土地移交书）；

4）不动产权籍调查及不动产测绘成果报告；

5）出让价款及税费资料。

省公司备案要求：新取得土地项目在土地证办理完成后 5 个工作日内到省公司备案。

3．建设工程规划许可证

规划部门依法审核，建设工程符合城乡规划要求的法律凭证，主管部门一般为自然资源和规划局。

申办材料：

（1）工程规划许可申请表。

（2）建设项目批准、核准或者备案文件（复印件）。

（3）国有土地使用权证，出让土地的建设项目需提供国有土地使用权出让（转让）合同，划拨土地的建设项目需提供划拨决定书。

（4）土地勘测定界图。

（5）符合国家标准和制图规范的建设工程设计方案成果 2 套以及符合电子报建要求的电子文档。

（6）环境影响评价文件及环保部门出具的审批意见。

（7）需进行日照分析的项目，提供日照分析报告。

（8）经专家评审论证的修建性详细规划和建设工程设计方案，应提供专家评审会议纪要。

（9）法律、法规、规章规定的其他材料。

省公司备案要求：工程规划许可证办理完成后 5 个工作日内到省公司备案。

4．施工图审查

建设单位应向审查机构提供下列资料纸质原件：

（1）作为勘察、设计依据的政府有关部门的批准文件及附件。

（2）签章齐全的全套施工图（电子文档）。

（3）其他应提交的材料。

公司管理规定：施工图设计方案要与初设批复方案一致，乡镇供电所图审要注意以下几点：

（1）乡镇供电所建设方案要全面应用《乡镇供电所生产营业用房典型设计》，按批复的初设方案深化施工图设计，不能擅自变更房间布局，外立面设计要以浅灰色为主,设置深灰色竖向和横向分割线,营业厅设置要 24 小时对外,室外场区可以按需全部设置或部分设置仓储区、机动车停放区、非机动车停放区、实训区、小菜园、活动区等,具体布局参照典型设计。

（2）供电所装饰装修要参照《乡镇供电所生产营业用房标准化建设常用装饰主材指导性图册》进行设计。

5. 工程施工许可证

施工许可证办理申请材料及条件:

（1）《建筑工程施工许可证申请表》。

（2）《国有土地使用证》或《不动产权证》。

（3）《建设工程规划许可证》及附表。

（4）《施工图设计审查合格书》及《建筑项目施工图建筑面积审核表》。

（5）《中标通知书》（施工、监理）及施工合同。

（6）建设资金到位证明（原件,有效期 3 日）（工期大于一年的按合同总造价的 50%计算,小于或等于一年的按合同总造价的 30%计算）。

（7）施工单位安全生产许可证。

（8）工程质量、安全监督手续。

（9）《建设工程消防设计审核意见书》或《建设工程消防设计备案情况登记表》。

（10）山东省建筑企业养老保障金缴费收据。

（11）法律、行政法规规定的其他条件。

建设单位应当自领取施工许可证三个月内开工，因故不能按期开工的，应当在期满前向发证机关申请延期，并说明理由；延期以两次为限，每次不超过三个月。既不开工又不申请延期或者超过延期次数、时限的，施工许可证自行废止。

省公司备案要求：工程施工许可证办理完成后 5 个工作日内到省公司备案。

6. 工程招标

根据国家、国家电网有限公司相关要求，电网小型基建各类服务需求的采购方式主要包括属地公共资源交易中心招标、省公司服务类集中采购、固定授权采购、直接委托等，且所有采购活动均需纳入国家电网有限公司电子商务平台（ECP），属地招标同步在国家电网有限公司电子商务平台发布招标公告及中标结果公示。

限额（施工单项 400 万元，勘察、设计、监理单项 100 万元）以上的勘察、设计、施工、监理服务采购必须纳入属地公共资源交易中心招标。在具体实施时，建设单位应了解属地相关政策、积极对接主管部门，对于可通过属地公共资源交易中心招标的服务需求优先通过地方交易平台进行招标采购。

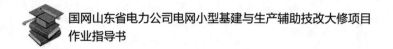

省公司服务类集中采购适用于无法进入地方交易平台的勘察、设计、施工、监理服务采购。集中采购采购方式一般为公开招标，每年分6个批次进行，具体安排由省公司物资部确定。

固定授权采购适用于工程咨询类服务，包括项目建议书编制服务、造价咨询服务、可行性研究报告编制服务、水土保持方案编制服务、水土保持验收服务、测绘类服务、检测类服务等。固定授权采购采购方式一般为竞争性谈判，每年分6个批次进行，具体安排详询各市公司物资部。

直接委托适用于行政事业性收费、登报公示、招标代理服务、供水服务等采购。

省公司物资部一般在每年年初发布年度招标采购计划通知，明确年度招标采购计划时间安排、两级集中采购目录、固定授权采购范围和直接委托范围，对于需通过省公司服务类集中采购、固定授权采购及直接委托进行采购的服务需求，建设单位应根据项目里程碑进度计划要求，结合通知中各项采购明确的目录范围，合理选择系统内招标平台服务类招标批次及采购方式，及时申报招标计划。电网小型基建项目采购方式（以供电所项目为例）如图1-2所示。

各类招标采购须根据项目实际规范设置投标单位资质和业绩，一般按照可提供相应服务的最低标准进行设定，否则可能存在限制或排斥潜在投标人的风险。

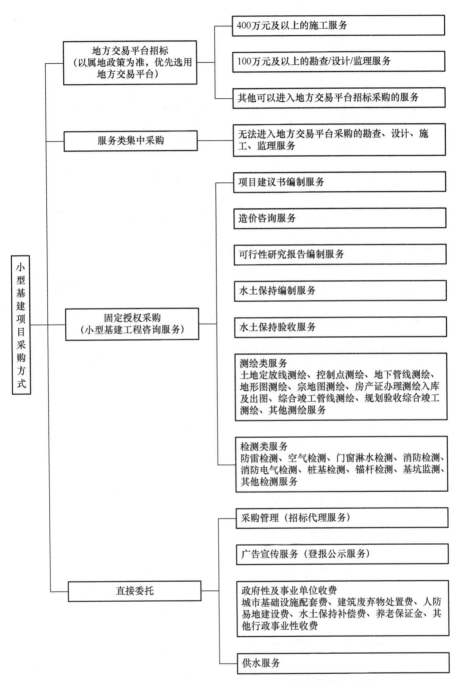

图 1-2　电网小型基建项目采购方式（以供电所项目为例）

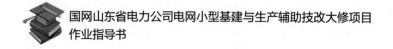
7. 勘察/设计/施工/监理采购

勘察/设计服务应在综合计划下达后开展采购，初步设计批复前及施工、监理服务招标前完成采购。施工/监理服务应在初步设计批复完成后开展采购，项目开工前完成采购。

属地公共资源交易中心招标的，相关主管部门负责对招标需求进行审核（以下受理条件均以属地要求为准）。勘察/设计服务在招标时一般应具备建设项目选址意见书、项目备案证明、土地权属证明等文件。施工服务在进行招标时一般应具备项目备案证明、土地权属、建设工程规划许可证、施工图设计文件审查合格书、经审批的工程量清单及控制价等文件。监理服务在招标时一般应具备项目备案证明、土地权属、建设工程规划许可证、施工图设计文件审查合格书等文件。

（1）属地公共资源交易中心招标注意事项。

1）建设单位应在地方交易平台发布公告前1～2日报省公司后勤部备案，同时应和市公司物资部做好沟通，确保地方交易平台和国家电网有限公司电子商务平台（ECP）同步发布公告及中标结果。

2）各地公共资源交易中心每日开标数量有限，一般节假日不开标，为避免开标时间延迟，建议在具备招标条件后立即开展招标工作。

3）建议在施工服务招标文件中明确固定单价或约定风险范围。对于约定固定单价的，在结算时单价不予调整；对于约定风险范围的，材料价差在约定波动范围的由承包方承担，约定波动范围之外的由发包方承担。

4）属地招标的项目控制价中包含分部分项明细描述，施工单位以不清楚设备、材料品质要求等原因而产生的报价偏差为由申请调价，不建议建设单位给予调整。

5）建议在施工招标中约定承包方供材的品牌档次，避免承包方施工工程中以次充好。

（2）省公司集中采购注意事项。

1）省公司服务类集中采购采购方式一般为公开招标，每年分 6 个批次进行，具体安排由省公司物资部确定。

2）建议在技术规范书中明确细化"中标单位到场响应时间""协助办理建设项目相关手续""各项服务工作的量质期要求"等内容，以便遴选就近单位。

3）设计服务中如需中标单位完成可行性研究报告编制工作，可在技术规范书中明确包含可行性研究报告编制服务，并细化相关服务要求。

4）施工服务招标时建议在技术规范书中明确固定单价或约定风险比例。对于约定固定单价的，在结算时单价不予调整；对于约定风险比的，材料价差在约定波动范围的由承包方承担，约定波动范围之外的由发包方承担。

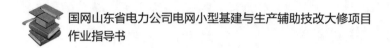
5）对于勘察/设计/监理服务采购，若省公司通过"一事一授权"方式进行授权，建设单位应和市公司物资部做好沟通，纳入就近授权采购批次进行采购。

8. 固定授权方式采购

固定授权采购适用于工程咨询类服务，包括项目建议书编制服务、造价咨询服务、可行性研究报告编制服务、水土保持方案编制服务、水土保持验收服务、测绘类服务、检测类服务等。建设单位应提前编制相关服务招标采购技术规范书，结合固定授权采购批次，按照"小型基建工程咨询服务"条目进行申报，在相关服务开始前完成采购及合同签订。

对于金额较小难以招标的项目，建议参考《国家电网有限公司采购活动管理办法》[国网（物资/2）121—2019]第三十四条"对于通过公司的文件、签报、会议纪要以及履行"三重一大"决策程序确定的项目，可由需求单位提出采购需求经招标采购管理部门会签后可直接采购"开展采购工作。

9. 直接委托采购

国家电网公司两级集中采购范围和固定授权采购范围中未列明的技术使用服务、房屋及建筑物租赁、会务接待、取暖、加油等零星服务，纳入直接委托范围，由采购主体通过相关决策程序后实施。属于政府性、机关事业单位、税务部门等直接收取的相关费用和政府审批的特殊行业

收费等凭票据可直接报销。

电网小型基建项目中发生的城市基础设施配套费、建筑废弃物处置费、人防易地建设费、水土保持补偿费、养老保证金、登报公示费、供水服务等均可通过直接委托方式进行采购。但需注意，直接委托需履行相关采购流程，建设单位在项目实施时须按各地市公司物资部要求执行。

2.3.2　依法合规管控注意事项

1. 依法合规办理建设用地审批手续

《中华人民共和国土地管理法》第五十三条"经批准的建设项目需要使用国有建设用地的，建设单位应当持法律、行政法规规定的有关文件，向有批准权的县级以上人民政府自然资源主管部门提出建设用地申请，经自然资源主管部门审查，报本级人民政府批准。"

《中华人民共和国城乡规划法》第三十八条"在城市、镇规划区内以出让方式提供国有土地使用权的，在国有土地使用权出让前，城市、县人民政府城乡规划主管部门应当依据控制性详细规划，提出出让地块的位置、使用性质、开发强度等规划条件，作为国有土地使用权出让合同的组成部分。未确定规划条件的地块，不得出让国有土地使用权。""以出让方式取得国有土地使用权的建设项目，建设单位在取得建设项

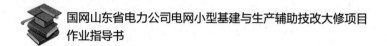

目的批准、核准、备案文件和签订国有土地使用权出让合同后，向城市、县人民政府城乡规划主管部门领取建设用地规划许可证。"

《中华人民共和国土地管理法实施条例》(中华人民共和国国务院令第588号)第二十二条"具体建设项目需要占用土地利用总体规划确定的城市建设用地范围内的国有建设用地的，按照下列规定办理：

(1)建设项目可行性研究论证时，由土地行政主管部门对建设项目用地有关事项进行审查，提出建设项目用地预审报告；可行性研究报告报批时，必须附具土地行政主管部门出具的建设项目用地预审报告。

(2)建设单位持建设项目的有关批准文件，向市、县人民政府土地行政主管部门提出建设用地申请，由市、县人民政府土地行政主管部门审查，拟订供地方案，报市、县人民政府批准；需要上级人民政府批准的，应当报上级人民政府批准。

(3)供地方案经批准后，由市、县人民政府向建设单位颁发建设用地批准书。有偿使用国有土地的，由市、县人民政府土地行政主管部门与土地使用者签订国有土地有偿使用合同；划拨使用国有土地的，由市、县人民政府土地行政主管部门向土地使用者核发国有土地划拨决定书。

(4)土地使用者应当依法申请土地登记。

通过招标、拍卖方式提供国有建设用地使用权的，由市、县人民政府土地行政主管部门会同有关部门拟订方案，报市、县人民政府批准后，由市、县人民政府土地行政主管部门组织实施，并与土地使用者签订土地有偿使用合同。土地使用者应当依法申请土地登记。"

防范可能出现的问题：项目用地不符合城市规划或用地规划要求，导致土地手续难以办理，影响项目实施进度。

2. 严格按照土地使用权出让合同规定的期限和条件利用土地

《中华人民共和国土地管理法》第五十六条"建设单位使用国有土地的，应当按照土地使用权出让等有偿使用合同的约定或者土地使用权划拨批准文件的规定使用土地；确需改变该幅土地建设用途的，应当经有关人民政府自然资源主管部门同意，报原批准用地的人民政府批准。其中，在城市规划区内改变土地用途的，在报批前，应当先经有关城市规划行政主管部门同意。"

《中华人民共和国城市房地产管理法》第十八条"土地使用者需要改变土地使用权出让合同约定的土地用途的，必须取得出让方和市、县人民政府城市规划行政主管部门的同意，签订土地使用权出让合同变更协议或者重新签订土地使用权出让合同，相应调整土地使用权出让金。"

《中华人民共和国城市房地产管理法》第二十六条"以出让方式取得土地使用权进行房地产开发的，必须按照土地使用权出让合同约定的土地用途、动工开发期限开发土地。超过出让合同约定的动工开发日期满一年未动工开发的，可以征收相当于土地使用权出让金百分之二十以

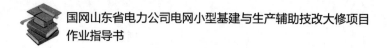

下的土地闲置费；满二年未动工开发的，可以无偿收回土地使用权；但是，因不可抗力或者政府、政府有关部门的行为或者动工开发必需的前期工作造成动工开发迟延的除外。"

防范可能出现的问题：项目建设不符合用地使用规划；土地闲置时间超出两年未动工，被通知土地收回。

3. 电网小型基建规划手续依法合规

未办理建设工程规划许可证或者未按照建设工程规划许可证的规定进行建设。

《中华人民共和国城乡规划法》第四十条"在城市、镇规划区内进行建筑物、构筑物、道路、管线和其他工程建设的，建设单位或者个人应当向城市、县人民政府城乡规划主管部门或者省、自治区、直辖市人民政府确定的镇人民政府申请办理建设工程规划许可证。"

申请办理建设工程规划许可证，应当提交使用土地的有关证明文件、建设工程设计方案等材料。需要建设单位编制修建性详细规划的建设项目，还应当提交修建性详细规划。对符合控制性详细规划和规划条件的，由城市、县人民政府城乡规划主管部门或者省、自治区、直辖市人民政府确定的镇人民政府核发建设工程规划许可证。

《中华人民共和国城乡规划法》第六十四条"未取得建设工程规划许可证或者未按照建设工程规划许可证的规定进行建设的，由县级以上地方人民政府城乡规划主管部门责令停止建设；尚可采取改正措施消除对规划实施的影响的，限期改正，处建设工程造价百分之五以上百分之十以下的罚款；无法采取改正措施消除影响的，限期拆除，不能拆除的，没收实物或者违法收入，可以并处建设工程造价百分之十以下的罚款。"

防范可能出现的问题：未按照工程规划许可开展施工图设计、工程建设，难以通过验收或造成行政处罚。

4. 依法开展施工图设计文件审查

施工图设计文件未经审查批准的，不得使用，图审内容与初步设计内容应相互符合。重大设计变更需报图审中心审查备案。《建设工程质量管理条例》（中华人民共和国国务院令第 279 号）第五十六条规定"建设单位有下列行为之一的，责令改正，处 20 万元以上 50 万元以下的罚款：施工图设计文件未经审查或者审查不合格，擅自施工的。"

防范可能出现的问题：施工图设计文件与初步设计方案内容差别大；施工图设计文件未经审查或者审查不合格，擅自施工。

5. 依法合规进行招标

（1）《中华人民共和国招标投标法》第三条"在中华人民共和国境内进行下列工程建设项目包括项目的勘察、设计、施工、监理以及与工程建设有关的重要设备、材料等的采购，必须进行招标：

1）大型基础设施、公用事业等关系社会公共利益、公众安全的项目；

2）全部或者部分使用国有资金投资或者国家融资的项目；

3）使用国际组织或者外国政府贷款、援助资金的项目。

前款所列项目的具体范围和规模标准，由国务院发展计划部门会同国务院有关部门制订，报国务院批准。

法律或者国务院对必须进行招标的其他项目的范围有规定的，依照其规定。"

（2）《必须招标的工程项目规定》（国家发改委令第 16 号）第五条"本规定第二条至第四条规定范围内的项目，其勘察、设计、施工、监理以及与工程建设有关的重要设备、材料等的采购达到下列标准之一的，必须招标：

1）施工单项合同估算价在 400 万元人民币以上；

2）重要设备、材料等货物的采购，单项合同估算价在 200 万元人民币以上；

3）勘察、设计、监理等服务的采购，单项合同估算价在 100 万元人民币以上。

同一项目中可以合并进行的勘察、设计、施工、监理以及与工程建设有关的重要设备、材料等的采购，合同估算价合计达到前款规定标准的，必须招标。"

（3）合同签订：合同签订应采用国家电网公司经法系统合同模板，

经过各专业部门审核后，生成二维码合同，进行签署。招标人和中标人应当自中标通知书发出之日起 30 日内，按照招标文件和中标人的投标文件订立书面合同；合同签订不应倒签、补签，合同生效前，不得实际履行合同，涉及财务支出的不得付款。合同条款应对工程价款的调整、索赔与现场签证、争议的解决、质量保证（保修）金、与履行合同、支付价款有关的其他事项等进行约定，以上条款建议组织造价咨询单位进行充分论证好签署，避免对后续管理造成被动。合同中没有约定或约定不明的，由双方协商确定；协商不能达成一致的按《建设工程工程量清单计价规范》执行。支付价款时严格按照合同约定执行，禁止超前、超额支付进度款。

防范可能出现的问题：合同签订不及时，出现倒签、补签合同事项；未组织造价咨询单位对合同条款进行论证审核，合同约定不明确影响合同实施、责任认定。

6. 依法申请施工许可证

《中华人民共和国建筑法》第七条"建筑工程开工前，建设单位应当按照国家有关规定向工程所在地县级以上人民政府建设行政主管部门申请领取施工许可证。"

防范可能出现的问题：未取得施工许可证即开展项目建设（未批先建）。

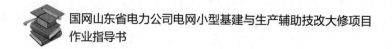

2.3.3 涉及相关信息系统填报

各单位取得项目立项批复文件后，在智慧后勤服务保障平台内前期审批管理模块同步进行数据填报。

工程规划许可办理根据当地政府部分要求，通过山东政务一体化平台、山东安全质量监督平台办理审批手续。

招标阶段勘察、设计、施工、监理需要通过当地政府公共资源招标平台进行招标的，招标前、后在国家电网有限公司电子商务平台同步进行公告发布、结果公示。造价等咨询单位招标通过授权采购实施（以物资部最新管理要求为准），需完成 SAP、ECP 系统相关操作。

合同签署阶段，通过国网 SAP 系统完成采购申请、采购订单创建后，关联经法系统，在经法系统内流转生成二维码合同，完成合同签署。

3 项目建设过程管理

3.1 开工前准备阶段

3.1.1 工作内容

（1）组织成立业主、监理、施工、造价咨询等参建项目部。由施工单位搭建现场办公场所，办公设施、交通设施、检测设备设施等要设置齐全。

（2）施工图预审。业主项目部在收到施工图设计文件后，负责向监理项目部及施工项目部发放并做好记录。各参建单位在收到设计图纸后，由各专业技术负责人组织相关技术人员充分熟悉设计图纸和技术文件，了解设计意图，并对图纸进行全面审查。重点对施工图设计文件使用功能、安全经济的合理性，工程建设强制性标准或勘察设计合同约定的质量要求执行情况等进行审查，并书面提出图纸预审记录，图纸预审记录由业主项目部汇总反馈设计单位，为设计交底和图纸会审会议做准备。

（3）设计交底及图纸会审。业主项目部组织召开设计交底及图纸会审会议，设计交底时设计单位应对施工图进行总体介绍，说明设计意图，特殊的工艺要求，建筑、结构、工艺、设备等各专业在施工中的难点、疑点并进行答疑。监理项目部全面审查施工图，重点从功能要求、建设标准和政府施工图审查修改意见落实情况等方面进行审查。施工项目部从施工实施角度出发，校核各工种图纸本身之间设计衔接情况，局部构造图纸完整性，工艺和用料施工说明，并对照自身的技术、设备条件落实施工图纸的可实施性。会后监理项目部编制施工图会审纪要和设计交底会议纪要，设计单位依据纪要修改、完善设计图纸。施工项目部依据修改完善的施工图编制施工图预算，编制应依据招投标文件及合同约定条款，并由造价咨询项目部进行审核。

（4）开工报告编制和审批。电网小型基建项目实施应认真落实开工报告制度，工程开工前，由业主项目部主持召开第一次工地例会。业主、监理、施工项目部分别对各自人员及分工、开工准备、监理例会的要求等情况进行介绍、沟通和协调，建立监理例会制度，监理例会每周至少召开一次，会议纪要应由监理项目部负责整理，与会各方代表应会签。施工项目部开工报告、开工报审表应在开工前7日内完成编制，并报送监理项目部审核；监理项目部应在5日内完成审核工作，并报业主项目部审批；业主项目部应在开工前3日内完成开工条件核实，并通知总监理工程师签发工程开工令，施工项目部接到开工令后方可组织施工。未满足标准化开工要求、未履行开工报告审批程序的项目不得开工建设。

3.1.2 依法合规管控注意事项

（1）工程开工前，业主项目部要完成建设工程规划许可、建设工程施工许可等建设手续办理，委托具有资质的测绘单位完成放线、验线和高程控制点移交并向施工单位提供施工现场及毗邻区域内供水、排水、供电、供气、供热、通信、广播电视等地下管线资料，气象和水文观测资料，相邻建筑物和构筑物、地下工程的有关资料，并保证资料的真实、准确、完整。专业施工组织设计/施工技术方案措施（调试方案）审批完毕并完成交底。各参建单位安全体系已建立，安全制度措施有效，应急预案完善并得到落实。

（2）开工报告审查要点：

1）审查承包商人员配备单位及人员培训情况，特种人员的上岗证书的有效性、齐全性、是否已报监理备案。

2）审查承包商管理人员和特殊岗位人员按计划到位情况。

3）审查是否建立工程项目管理机构，项目部组织机构及管理人员资质是否已报监理公司。

4）审查施工技术人员向施工人员交底情况，是否有交底记录，培

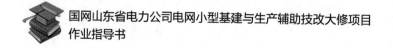

训是否完成。

5）审查工程中使用的施工机械设备数量、性能是否满足开工要求。

6）审查承包商施工用材料，报验结果及质量证书是否齐全。

7）审查承包商质量保证体系完整性、包括承包商公司本部质量体系文件、项目质量计划、质量检验验收计划。

8）审查承包商施工组织设计、施工方案是否已批准，提出的审查意见是否已落实。

9）审查施工图是否已会审，会审意见是否已得到设计方的书面答复。

10）审查施工测量放线控制成果和保护措施是否符合要求。

11）审查施工环境是否满足开工要求。

防范可能出现的问题：未完成合同签订、未取得施工许可证即开工建设。

3.1.3 涉及相关信息系统填报

（1）开工令下达后，业主项目部应及时将审批通过的开工报告上传智慧后勤服务保障平台中建设过程管理模块下备案。

（2）电网小型基建限上项目必须全部应用智慧后勤服务保障平台中建设过程管理模块下视频监控功能。

3.2 项目施工阶段

3.2.1 工作内容

1. 安全管理

项目开工前成立项目安全委员会或安全小组，项目安全委员会或安全小组包括监理、设计、施工单位项目负责人和业主项目部人员，并定期组织开展相关安全活动。

工程安全管理策划。建立现场安全保证体系和监督体系，健全现场安全管理制度。监理项目部编制《监理规划》《监理实施细则》安全管理篇章，施工项目部编制《项目管理实施规划》或《施工组织设计》安全管理相关篇章及其他安全策划文件，同时按规定编制重大事故应急预案、现场应急处置方案，定期开展应急演练。

施工项目部应编制《安全文明施工方案》《临时用电施工方案》及属于危险性较大的分部分项工程的专项施工方案，报监理单位审批后实施；对于超过一定规模的危险性较大分部分项工程的专项施工方案还应要求施工单位组织专家论证，专家从设区的市级以上地方人民政府住房城乡建设主管部门建立的专家库选取，通过论证后经监理单位审批后实施。实施过程中应要求施工单位严格按照审批的专项施工方案施工，如施工现场与施工方案不符监理项目部应及时下发监理通知单要求施工单位整改，必要时报建设单位同意下发工程暂停令。如施工现场确实无法满足施工方案的实施施工单位应修改施工方案并重新报监理单位审批，需要专家论证的重新论证，通过后按照修改的施工方案实施。危险性较大的分部分项工程和超过一定规模的危险性较大分部分项工程范围及管理要求详见《危险性较大的分部分项工程安全管理规定》（中华人民共和国住房和城乡建设部令第 37 号）。

安全检查管理。监理项目部按照监理实施细则制定安全检查计划，开展日常安全检查活动，监理项目部每日至少进行一次安全巡查，每周至少进行一次安全检查。根据项目管理要求或季节性施工特点，开展月、季度等例行检查活动；根据安全管理需要和项目施工的具体情况，开展专项检查活动。同时，重大节假日前应组织一次全面安全检查。并跟踪检查提出问题整改闭环情况。

问题闭环整改。施工项目部按照监理指令提出的问题，限期进行问题整改。业主项目部对监理项目部、施工项目部安全管理落实情况进行监督。安全管理工作不称职的安全监理人员、施工项目经理或安全管理人员，业主项目部可向其公司提出撤换要求。

合理使用安全文明措施费。建设单位应当按照相关规定和合同约定及时向施工单位支付安全文明措施费。施工单位对于安全文明措施费必须专款专用，编制"安全防护、文明施工措施费使用计划"并报送监理单位审查，审查通过后按计划实施现场安全文明措施费，确保现场安全文明措施费落实到位。

工期管理。建设单位不得随意压缩合理工期。

资料管理。应做好过程资料尤其是安全管理过程资料的及时收集整理，确保安全管理履责规范、资料清晰。

安全事故处理。发生安全事故后，施工项目部应立即启动应急预案，即时报告业主项目部、监理项目部，并在1小时内向负责安全生产监督管理的部门、建设行政管理部门或其他有关部门及时、如实地报告。

2. 质量管理

进场材料管理。施工项目部按照施工进度编制材料进场计划，监理项目部审批进场计划表，组织业主项目部、施工项目部等相关人员考察材料，业主项目部确认经考察合格的材料，封样留存后批量采购。

监理项目部按有关规定、监理合同约定对到场材料进行平行检验，包括规格、型号、品牌、数量、与封样材料的一致性、资料（出厂合格证、法定检验单位出具的质量检验报告）等；对已进场经检验不合格的工程材料，督促施工项目部限期将其撤出工程现场。

施工项目部将需复试检测材料经监理工程师见证取样后，送检测部门进行材料复试、检测，由检测部门出具材料质量检验报告。

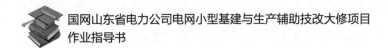

工程预检管理。监理工程师在施工现场进行有目的、有计划的巡视和检查，事先应对工程的实际情况明确施工过程的关键工序、特殊工序、关键部位和重要部位的控制点，在巡视过程中发现并及时纠正不符合设计文件、不符合施工规范、使用不合格材料、构配件及设备等所发生的问题。

隐蔽工程管理。对要进行隐蔽的工程，施工项目部必须按《建筑工程施工质量验收统一标准》（GB 50300—2013）及有关规范要求对隐蔽工程做好自查自检工作，按规范要求准备好隐蔽工程验收记录单，以备现场监理工程师验收及时记录。

施工项目部应在工程隐蔽前 24 小时向监理项目部提交隐蔽工程报审报验表，监理工程师应在接到通知后 24 小时内到现场进行隐蔽验收，业主项目部参与监督隐蔽工程工作。

监理项目部对验收合格的应在隐蔽工程验收记录单给予签认；对验收不合格的应拒绝签认，下发监理通知单，要求施工项目部在指定的时间内整改并重新报验，直至达到要求，否则不得进行下一道工序的施工。

对于隐蔽工程的隐蔽过程，下道工序施工完成后难以检查的重点部位，总监理工程师应安排专业监理人员进行旁站监理。

质量问题处理。业主项目部专业人员发现工程质量问题时，以工作联系单书面通知监理项目部，监理项目部组织问题分析、定性，同时加强现场管控。

监理项目部发现施工存在质量问题时，或施工项目部采用不适当的施工工艺、施工不当，造成工程质量不合格的，应及时签发监理通知单，要求施工项目部编制整改方案报监理项目部审批，审批后的整改方案报业主项目部备案，施工项目部根据批复方案进行整改；整改完毕后，监理项目部应根据施工项目部报送的监理通知回复单对整改情况进行复查，复查合格进行下一道工序施工，业主项目部参与检查监督整改工作。对需要返工处理或加固补强的质量问题，监理项目部应要求施工项目部报送经设计等相关单位认可的处理方案，并对质量缺陷的处理过程进行跟踪检查，同时对处理结果进行验收。

出现质量事故时，各项目部应立即启动相应应急预案，派专人严格保护现场，并上报有关部门按国家法定程序处理。

3. 造价管理

业主项目部要督导造价咨询单位做好全过程造价管控，加强施工主要节点造价管控，重点做好材料设备批价、设计变更、签证等资料审核，确保不发生超概等情况，造价管理规范。

施工项目部根据合同约定的支付节点，在需支付资金的上一个月向监理项目部提报工程款支付报审表。监理项目部接收到工程款支付报审表后3日内完成本期已完工程量审核。编制月完成工程量统计表，对实

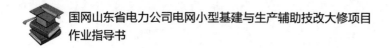

际完成量与计划完成量进行比较分析，发现偏差的，提出调整建议，并在监理月报中向业主项目部报告。造价咨询单位根据招标文件、施工单位投标文件、合同等内容 3 日内完成对进度价款审核，完成后报业主项目部批准。业主项目部负责批准、确认工程进度款。业主项目部根据建设单位财务部的要求，完成财务报销系统流程后付款。

人工、材料价格调整原则应在合同中经双方协商确定后进行明确。一般情况下，人工费调整可以参照市建设主管部门发布的市定额人工指导单价；主要材料价格发生波动时，波动幅度在±5%以内（含 5%）的，材料价差不进行调整；波动幅度超出±5%的，按照超出部分调整材料价差，计取的材料价差只能计算有关规费和税金，不得计取其他费用。专业工程暂估价部分按照合同约定及签证价格进行结算。造价咨询单位应参与计价审核施工过程中因人工、材料市场价格波动引起调整或施工做法发生变化时的价格，并在批价单上签字盖章。

4. 进度管理

施工项目部依据建设单位电网小型基建项目工程里程碑进度计划，并结合合同、项目管理策划文件、资源与内外部约束条件、工程实际情况等，编制工程施工进度计划，提报施工进度计划报审表报送监理项目部进行审核，监理项目部审查无问题报送业主项目部审批。

施工项目部应严格按施工进度计划落实工程进度管理；发现实际进

度严重滞后于计划进度且影响合同工期时，监理项目部应签发监理通知单、召开专题会议，督促施工项目部按批准的施工进度计划实施。

施工项目部每月编制《施工月报》报监理项目部审查，监理项目部监督、检查施工项目部月度执行情况编制《监理月报》报业主项目部审核。

施工进度计划实施过程中，现场监理人员应检查和记录实际进度情况，检查施工项目部的进度计划执行情况，分析产生偏差的原因，及时纠偏，对进度计划进行动态管理。

需工期调整的，施工项目部填报工程临时/最终延期报审表报监理项目部审查，并经业主项目部审批后实施，各方根据调整工期产生的原因填写索赔意向通知书，提出工期索赔。施工项目部对因业主、不可抗力、重大变更等不可预见原因造成工程延期，可向业主项目部提出工期索赔；同时业主项目部因施工单位原因造成工程延期，应向施工单位提出工期索赔。

5. 变更签证管理

设计变更是指项目自初步设计批准之日起至通过竣工验收正式交付使用之日止，对已批准的初步设计文件、技术设计文件或施工图审计文件进行修改、完善、优化等活动。设计变更应以图纸或设计变更通知单的形式发出。

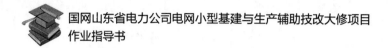

设计变更的提出应符合国家、行业公司现行制度、标准和规范要求，确保满足使用功能，合理控制造价，保证建设工期。

业主及施工项目部需对原设计进行变更，应提前 14 日提交设计变更联系单。联系单审核通过后，设计、监理、施工、业主项目部应在 7 日内完成设计变更审批单的审核、审核工作，并由总监理工程师签发实施。对单项设计变更投资增减额 20 万元以上的重大设计变更，14 日内经建设单位审核上报，由省公司后勤部完成审批，"三重一大"项目的重大设计变更需报国网后勤部审批。

监理项目部接到设计变更联系单后，应组织专业监理工程师对设计变更的工期影响做出评估，做好协调工作，并监督设计变更实施。

设计单位应该在 5 日内完成各项设计变更文件的编制和内部审查，参加设计变更文件会审及交底。

跟踪审计项目部审核设计变更预算，工程量计算应符合现行工程量清单计算规则的有关要求，综合单价（或总价）确定应依据招投标文件、合同等条款约定的方式进行计算。对设计变更的造价影响做出分析。

施工项目部接到审批的设计变更审批单和设计文件后，应组织技术管理及施工作业人员交底，确定人员、材料、设备计划后，方可按照批准的设计变更组织实施。

现场签证是指施工过程中出现与合同规定的情况、条件不符合的事件时，针对施工图纸、设计变更所确定的工程内容以外的，施工图预算或预算定额套取中未包含，而施工过程中确需发生费用的施工内容所办理的签证（不包括设计变更内容）。

现场签证首先由施工项目部提出，业主项目部组织以工作联系单形式报监理项目部进行工程量审核，由造价咨询项目部审核造价后提报业主项目部，业主项目部完成审批后，施工项目部编制现场签证单。引起费用变化的现场签证，监理项目部及时整理报送业主项目部，作为工程结算的依据。未按规定履行审批手续的，其增加的费用不得纳入工程结算。

签证工作完成后，施工单位需在 3 日内根据实际发生量填写现场签证单；监理、造价咨询、建设单位应在 7 日内对签证内容进行验收，现场核实工程量，审查签证费用明细，并签字确认。

下列情况不予签证：

（1）施工图纸能够反映的工程量或设计变更能够明确工程内容。

（2）施工过程中按照操作程序、施工规范、安全规程、文明施工要求发生的施工措施费，以及可以预见的有关措施费。

（3）按投标总价的一定比率包干，并在招标时予以确认的特殊施工措施费。

（4）对未经监理批准的施工方案变更。

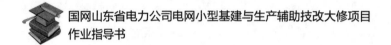
（5）施工组织措施不合理或不按图纸施工等施工单位原因造成的工程变更。

（6）施工单位原因造成的违规处罚。

（7）合同约定的承包范围以外的项目。

批价管理。对于任一招标工程量清单项目，当工程量偏差超过15%时，可进行调整。当工程量增加15%以上时，增加部分的工程量的综合单价应予调低。当工程量减少15%以上时，减少后剩余部分的工程量的综合单价应予调高。设计变更与现场签证的计价应按合同约定条款计算，合同已标价工程量清单中有适用于设计变更与签证工程的价格，按合同已有的价格计算价款，合同已标价工程量清单中没有适用但有类似于设计变更与签证工程的价格，可在合理范围内参照类似价格计算价款，合同已标价工程量清单中没有适用或类似于设计变更与签证工程价格的，一般按照《建设工程工程量清单计价规范》（GB 50500—2013）进行（可参考属地材价信息、同类工程、市场询价等）。不属于依法必须招标的项目：乙供材由承包单位按照合同约定采购，经发包人确认后以此为依据取代暂估价，调整合同价款。甲供材由建设单位组织招标采购，依据中标价格取代暂估价。属于依法必须招标的项目：由发承包双方以招标的方式选择供应商。依法确定中标价格后，以此为依据取代暂估价，调整合同价款。合同另有约定的，按合同约定执行。

对实施完毕、验收合格的设计变更与现场签证，可根据合同约定纳入工程进度款支付计划。

建设单位及参建各方方应妥善保管招标图、施工图、设计交底资料、设计变更单、签证单等资料，做好时间、版本的标签标注，做好上述资料的备份，为竣工结算工作保存完整资料。监理单位负责对施工单位提交的竣工资料和文件进行全面审核并签章；尤其对施工全过程中的签证单、索赔、洽商等相关资料的真实性及准确性必须全面审核到位。

3.2.2　依法合规管控注意事项

1. 安全管理

业主项目部按合同约定及时足额支付安全防护和文明施工措施费，监督施工单位费用使用计划的执行和落实。

防范可能出现的问题：安全文明措施费支付不及时或额度不足。对于危险性较大工程未编制专项施工方案或超过一定规模的危险性较大工程专项施工方案未组织专家论证。

2. 质量管理

建设单位不得以任何方式要求设计、施工等单位违反工程建设强制性标准，降低工程质量；不得擅自变更审查的施工图设计文件；按照合同约定提供的建筑材料、建筑构配件和设备应当符合设计文件和

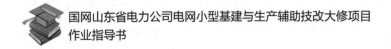

合同要求。

建设单位应当将工程发包给具有相应资质等级的单位。建设单位不得将建设工程肢解发包。建设单位必须向有关的勘察、设计、施工、工程监理等单位提供与建设工程有关的原始资料。原始资料必须真实、准确、齐全。

按照合同约定，由建设单位采购建筑材料、建筑构配件和设备的，建设单位应当保证建筑材料、建筑构配件和设备符合设计文件和合同要求。建设单位不得明示或者暗示施工单位使用不合格的建筑材料、建筑构配件和设备。

建设单位对工程建设全过程质量管理工作负责，督促参建单位建立健全工程质量管理体系，并检查落实情况。质量管理体系应包括但不限于以下内容：有明确的施工质量控制目标，施工人员工程质量管理职责与分工明确，制定工程质量保证措施，有相应的施工质量文件及施工组织设计文件等。监督、检查质量管理制度在工程中的贯彻落实情况，现场日常质量巡视，不定期组织质量例行检查活动，跟踪检查出的质量问题的闭环整改情况，组织各参建单位参加上级单位组织的各类质量检查和竞赛活动。

防范可能出现的问题：原材料入场审核不规范，材料质量差；隐蔽工程验收不规范、不及时，影响项目质量及进度。

3. 造价管理

严格按照合同约定进行资金支付。建设单位应保证工程建设所需资金，按照合同约定对承包商提出的工程支付申请进行审查，确保工程款按合同约定条款拨付，避免拨付不合理费用或超拨工程款。资金申请及支付需按照公司财务等部门管理规定履行各层级管理人员审批手续。严格执行《国家电网有限公司工程财务管理办法》[国网（财/2）351—2022]工程款项支付须以合同（协议）、发票、出入库料单、工程结算定案等为依据；预付工程款、工程备料款和工程进度款等按照合同约定执行；工程预付款比例原则上不低于合同金额（扣除暂列金额）的 10%，不高于合同金额（扣除暂列金额）的 30%。工程进度款根据确定的工程计量结果，承包人向发包人提出支付工程进度款申请，并按约定抵扣相应的预付款，进度款总额不低于已完工程价款的 80%，剩余工程价款应在工程验收并完成结算审价和竣工资料整理后，以经确认的竣工结算报告为结算依据，扣除合同约定的工程质量保证金后按国家有关规定的期限（合同约定有期限的，从其约定）办理单项工程结算支付手续。质保金支付时间应该在缺陷责任期后及时支付。

防范可能出现的问题：未按照合同支付资金，进度款审核权限不准确，超比例支付进度款，提前支付进度款等。

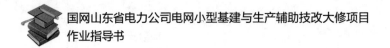

4. 进度管理

施工进度管理需提前制定工程里程碑进度计划，工程里程碑进度计划不得任意压缩合理工期，在项目实施前与省公司签订建设责任书，保障进度计划刚性执行。在结算中应合理规范执行合同对工期延误处罚等条款，避免后续检查隐患。

防范可能出现的问题：实际施工进度严重滞后里程碑进度计划，无法按期竣工。施工项目部在工期延误时为了抢抓进度忽视安全、质量，造成安全、质量事故。未合理规范执行合同工期延误处罚条款，造成后续检查被动。

5. 变更签证管理

设计变更应注意资料签字时间问题，各级人员签证要明确意见，签署时间。变更申请、变更方案和变更令的签署时间先后顺序和工程开工时间等逻辑顺序是否合理。变更理由的依据要充分，资料要完备，申请理由与设计变更、会议纪要、工程量计算书等各种数据支撑要保持一致性，套用相关标准设计图要合理正确。

工程签证要有利于计价，方便结算，内容应详细、简洁，签证要说明依据（会议纪要、计算公式及说明、单价分析、影像资料等），内容主要有何时、何地、何因、工作内容、工程量（有数量和计算式，必要时附图）、有无甲供材、隐蔽工程（表明部位、工艺做法），签证发生后

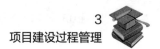

应根据合同约定及时处理，审核应严格执行国家及相关规定。

防范可能出现的问题：设计变更与现场签证区别不清晰，无审批流程或审批流程不规范，支撑材料缺乏真实性，变更签证资金占项目结算比例较大。现场签证单、设计变更单详见《国家电网有限公司电网小型基建项目管理手册》附录，设计变更、现场签证相关要求可进一步参照《国家电网有限公司电网小型基建项目全过程造价管理手册》第 6 章第 2 节"设计变更与现场签证造价管理"内容。

3.2.3　涉及相关信息系统填报

建设过程阶段需要维护和填报智慧后勤服务保障平台中建设过程和建设投资管理模块。项目资金支付阶段需要通过 SAP 系统进行服务确认和成本结算表填报，通过智慧共享财务平台系统进行发票、收据的信息采集及审批（资金支付相关系统参照财务部门要求实时进行调整）。

3.3　验　收　阶　段

3.3.1　工作内容

验收流程如图 1-3 所示。

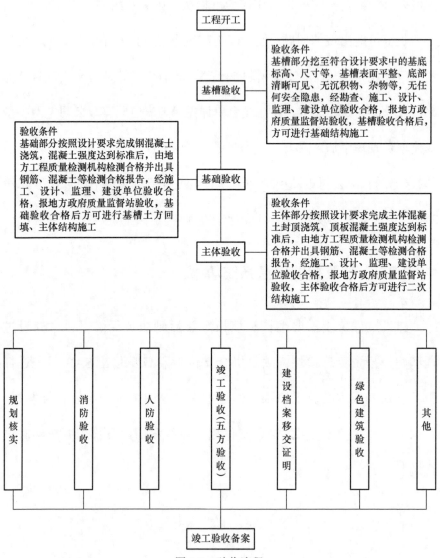

图 1-3　验收流程

1．基槽验收

地基工程完工后，施工项目部应组织自查，在自检合格的基础上，将地基工程的质量控制资料整理成册报送监理项目部审查，申请地基工程验收。

监理项目部核查施工项目部提交的资料，专业监理工程师核查符合要求后，总监理工程师签署审查意见，对工程质量情况做出评价。

监理项目部对符合验收要求的工程，组织建设、勘察、设计、施工、监理等单位的相关人员，对地基工程进行联合验收，验收合格的，会签地基验槽记录。

业主项目部应监督、协助监理项目部组织好验收工作；需要建筑工程质量监督站和（或）人防工程质量监督站进行质量监督的，应提前邀请其监督验收。

2. 基础验收

基础工程完工后，施工项目部应组织自查，在自检合格的基础上，将基础工程的质量控制资料整理成册报送监理项目部审查，申请基础工程验收。

监理项目部核查施工项目部提交的资料，专业监理工程师核查符合要求后，总监理工程师签署审查意见，对工程质量情况做出评价。

监理项目部对符合验收要求的工程，组织建设、勘察、设计、施工、监理等单位的相关人员，对基础工程进行联合验收，验收合格的，会签基础验收记录。

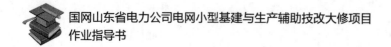

业主项目部应监督、协助监理项目部组织好验收工作。在联合验收前，应提前邀请建筑工程质量监督站进行监督验收；如果有人防工程时，还需要邀请人防工程质量监督站对验收进行监督。

3. 主体验收

主体工程完工后，施工项目部应组织自查，在自检合格的基础上，将主体工程的质量控制资料整理成册报送监理项目部审查，申请主体工程验收。

监理项目部核查施工项目部提交的资料，专业监理工程师核查符合要求后，总监理工程师签署审查意见，对工程质量情况做出评价。

监理项目部对符合验收要求的工程，组织建设、设计、施工、监理等单位的相关人员，对主体工程进行联合验收，验收合格的，会签主体工程验收记录。

业主项目部应监督、协助监理项目部组织好验收工作。在联合验收前，应提前邀请建筑工程质量监督站进行监督验收；如果有人防工程时，还需要邀请人防工程质量监督站对验收进行监督。

4. 竣工验收

建设工程竣工验收应当具备下列条件：

（1）完成建设工程设计和合同约定的各项内容。

（2）有完整的技术档案和施工管理资料。

（3）有工程使用的主要建筑材料、建筑构配件和设备的进场试验报告。

（4）有勘察、设计、施工、工程监理等单位分别签署的质量合格文件。

（5）有施工单位签署的工程保修书。

工程竣工后，施工项目部向监理项目部提出竣工申请，监理项目部组织进行工程竣工预验收，竣工预验收合格的，由施工企业向建设单位提交工程竣工报告，监理单位提交工程质量评估报告，勘察、设计企业提交工程质量检查报告。

建设单位收到工程竣工报告并确认竣工验收的各项条件符合要求后，应当按照规定程序组织勘察、设计、施工、监理等单位进行竣工验收，组织编制工程竣工验收报告并提前通知工程质量监督机构对竣工验收进行监督。

工程竣工验收合格后，建设单位应当将工程质量责任主体和有关单位项目负责人质量终身责任信息档案依法向住房城乡建设主管部门或者其他有关部门移交。

工程竣工验收合格后，建设单位应当在工程明显部位设置永久性标牌，载明建设、勘察、设计、施工、监理单位名称和项目负责人姓名。

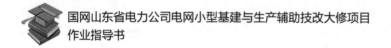

5. 竣工规划核实验收

建设工程竣工后，建设单位应当委托具有相应资质的测绘单位进行建设工程竣工规划测量并形成测量成果。建设工程竣工后，建设单位应向市城乡规划主管部门申请建设工程竣工规划核实。申请材料：

（1）《建设工程竣工规划核实申报表》一份。

（2）《建设工程规划许可证》及附件（复印件一份）。

（3）建设工程竣工规划测量成果（原件、电子档各一份）。

（4）施工图备案证明（施工图如变更，需提交变更图纸）。

（5）市城乡规划主管部门要求的其他材料。市城乡规划主管部门应当自受理建设工程竣工规划核实申请次日起 20 日内完成规划核实。对经规划核实符合规划要求的建设工程，市城乡规划主管部门核发《建设工程竣工规划核实意见书》；对不符合规划要求的，出具书面整改意见，建设单位根据整改意见整改后，重新申请规划核实。

规划核实的面积应在规划许可批复面积范围之内，并不得超过项目批复面积。

6. 消防验收

消防验收：由市住建和城乡建设局管理，在政务服务中心联合验收窗口申报消防验收（备案），申报必须提交的材料：

（1）建设工程先期联合验收申请表（建设单位法人代表签字并加盖

公章，建设、监理、施工、设计等参建单位加盖公章）。

（2）竣工验收报告（需加盖建设、施工、监理、设计、技术服务技改等单位公章并签字。

（3）涉及消防的建设工程竣工图纸（提交审查合格的加盖建设单位公章的建筑总平图及各层平面纸质图纸和设计变更图纸）。

除此之外，还需准备以下材料备查：建设工程消防设计审核意见书或建设工程消防设计备案登记表，建设工程施工图设计文件审查合格书或建设工程消防设计文件审查意见书，建设工程规划许可证，施工许可证，山东省建筑自动消防设施安装质量检验报告。现场验收评定时，建设、设计、施工、监理、技术服务机构等各方相关人员均需到场。

7. 人防验收

人防验收：人防工程应当与地表工程一并进行规划核实和竣工验收。市人防部门应当依据建设项目规划核实的测量成果重新核算实建人防工程面积。实建人防工程面积低于应建人防工程面积的，建设单位应当补缴人防工程易地建设费。结建人防工程竣工验收合格的，建设单位应当将竣工图纸和有关资料报送市人防部门备案，办理结建人防工程移交手续，签订《国有人防工程移交书》，并向城乡建设部门移交建设档案。

单建人防工程通过规划部门规划核实后，方可组织设计、施工、工

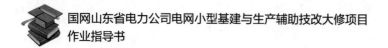

程监理单位进行竣工验收。验收合格的，建设单位应当将竣工图纸和有关资料报送人防部门备案。

8. 竣工备案管理

住房城乡建设主管部门备案：建设单位应当自工程竣工验收和专项验收合格后，依法将工程竣工验收报告等文件报住房和城乡建设主管部门备案。项目竣工后，业主项目部要负责收集、整理项目前期、工程前期、质量监督、安全管理、竣工验收、权证办理、结算审计等职责范围内的项目文件以及重要的录音、录像、照片等各种载体的文件材料。

9. 工程结算、决算

工程结算：施工单位应在竣工验收报告得到建设单位认可后 28 日之内提交竣工结算报告及结算资料，建设单位应在收到结算报告和结算资料 28 日内完成审核确认或提出修改意见。

工程决算：各级单位要在竣工投运后 90 日内完成竣工决算报告编制工作，并按财务有关管理规定办理资产入账手续。

3.3.2 依法合规管控注意事项

各分项验收管控资料要与现场施工进度相匹配，验收申报前提前准备报审资料，缩减手续办理流程。项目竣工后 60 日内应完成项目结算工作，180 日内完成项目决算。不得出现"超规模、超投资、超标准"

建设三超问题，项目建设情况应严格按照批复的初步设计方案实施建设，不得存在擅自扩大建筑规模和提高建设标准的情况。

防范可能出现的问题：因资料缺失或施工质量不高，造成验收整改周期长，影响施工进度。结算审核不严、支撑材料不齐全，造成结算数据不准确。结算书中记取与工程不相关的费用。结算、决算时间迟缓，不符合管理要求。结算、决算金额超批复。

3.3.3　涉及相关信息系统

项目验收阶段需要填报智慧后勤服务保障平台过程管理模块相关内容。

4 项目后期管理

4.1 不动产登记管理

4.1.1 工作内容

不动产登记应在项目竣工验收备案后开展。项目建设单位应选取具有资质的不动产测绘单位进行测绘，测绘内容主要包括不动产界址、空间界限、面积等，取得不动产测绘报告。联系公安局取得门牌号码。取得不动产登记权属证书。

不动产权证办理完成后 5 个工作日内，要携带证件原件到省公司备案，不动产权证证载面积不能超批复面积。

4.1.2 依法合规管控注意事项

不动产登记应在项目竣工验收备案后及时开展，按里程碑计划取得不动产权证，不动产权证证载面积不能超批复面积。

防范可能出现的问题：长时间未取得权属证明，出现超规模问题。

4.1.3 涉及相关信息系统

项目申请归档后将不动产权相关信息录入智慧后勤服务保障平台竣工库管理-待审核归档模块，由于录入后信息无法修改，录入前需经省市公司线下审核。

4.2 工 程 移 交 管 理

4.2.1 工作内容

本节主要介绍档案移交、实物移交管理。

1. 档案移交

业主项目部在工程办理施工许可证前，应与城建档案馆签署《建设工程档案报送责任书》；在竣工验收及行政专项验收备案前 30 日内，自行或委托收集、整理项目前期、工程前期、质量监督、安全管理、竣工验收、权证办理、结算审计等职责范围内的项目文件以及重要的录音、录像、照片等各种载体的文件材料，提请城建档案馆对已形成的建设工程竣工档案进行预验收，预验收合格后，城建档案馆核发《建设工程竣工档案初验审核意见书》。在工程竣工验收后 3 个月内，依据《城市建

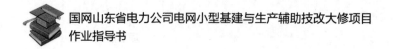
设档案管理规定》（中华人民共和国建设部令第 90 号），业主项目部应
办理正式验收并向城建档案管理部门移交一套符合规定的工程档案，由
城建档案馆签发建设工程竣工档案验收合格证。

在工程竣工验收后 3 个月内，依据《国家电网有限公司电网小型基
建项目档案管理规定》[国网（后勤/3）975—2019]，业主项目部协调
各项目部按照建设单位档案归档目录将经整理、编目后所形成的项目文
件向建设单位档案室移交。

业主项目部负责组织、协调和指导勘察、设计单位、施工项目部和
监理项目部编制和整理项目建设竣工资料，各项目部应对归档文件的完
整、准确情况和案卷质量进行审查，确保项目档案应完整、准确、系统。
对建设工程档案编制质量要求与组卷方法，应该按照《建设工程文件归
档整理规范》（GB/T 50328—2019）、各省、市相应的地方规范及《国家
电网有限公司电网小型基建项目档案管理规定》[国网（后勤/3）975—
2019] 执行。

2. 实物资产移交

移交内容：工程竣工验收合格，缺陷整改工作完成后 10 日内启动
工程实物资产移交，包括总资产移交（包括消防系统、电梯系统、冷热
源系统等）、楼宇房间钥匙移交、工程竣工图纸及技术资料移交等；具
备移交的基本条件是工程范围内建筑安装工程、市政附属工程全部完

成，且通过正式竣工验收，完成综合竣工验收报告，完成政府行政专项验收备案，取得工程竣工验收备案表。

移交流程：资产移交工作由业主项目部组织，实物资产使用单位和施工项目部共同参加；已落实物业管理单位的，应安排物业管理单位参加；成品设备应安排设备供应商参加。业主项目部应做好协调交接查验工作开展、文件资料的准备及移交、交接查验交底会的组织、查验问题的协调处理、移交文件资料的签署等工作。

移交确认：现场查验和资料查验合格后，业主项目部、实物资产使用单位、施工项目部共同确认验收结果，应在 10 日内签订工程交接单并办理完成工程交接手续。对质量不符合规定或未达到验收标准的项目，应现场签字确认，由业主项目部组织施工项目部整改，一般不合格项应在 7～15 日内整改完成，较复杂问题应在 30 日内整改完成，整改完成复验无问题后，共同签字确认交接。资产移交工作应当形成书面记录，记录应包括移交资料明细、重点部位、重点设备设施明细、交接时间、交接方式等内容。交接记录应当由业主项目部、资产使用单位和施工项目部共同签章确认。工程交接查验有关的文件、资料和记录应建立档案并妥善保管。

4.2.2　依法合规管控注意事项

档案管理：根据《国家电网有限公司电网小型基建项目档案管理规定》[国网（后勤/3）975—2019]第八条"项目档案管理工作贯穿项目建设始终，按照"一项目一档案"归档。各级单位与设计、监理、施工、勘察等参建单位签订合同时，应设立专门条款以明确其项目档案移交责任。"根据第三十八条"勘察、设计、监理、施工等单位在项目竣工验收后一个月内向项目建设管理单位（业主项目部）移交完成组卷的项目档案。"根据第三十九条"建设管理单位（业主项目部）应在项目决算后一个月内向本单位档案归口管理部门完成档案移交工作。"同时，按照《城市建设档案归属与流向暂行办法》向城建档案管理机构移交项目档案。城建档案管理机构需对接收档案进行验收的，建设管理单位（业主项目部）应按照城建档案管理机构相关要求，配合做好验收工作。

防范可能出现的问题：档案资料未按规定时间、归档范围完成归档。档案资料不齐全、不规范，出现必备资料缺失、竣工图等资料签章不全、工程资料时间逻辑错误等问题。

4.2.3　涉及相关信息系统

向建设单位档案室的移交通过协同办公一级部署档案管理模块，参

照《国家电网有限公司电网小型基建项目档案管理规定》[国网（后勤/3）975—2019]进行资料的整理和上传。

4.3 质 保 维 修 管 理

4.3.1 质量保修

建设工程承包单位在向建设单位提交工程竣工验收报告时，应当向建设单位出具质量保修书。质量保修书中应当明确建设工程的保修范围、保修期限和保修责任等。

工程的最低保修期按照国家和省有关规定执行。

（1）地基基础工程和主体结构工程，为设计文件规定的该工程的合理使用年限。

（2）屋面防水工程、有防水要求的卫生间、房间和外墙面的防渗漏，为5年。

（3）供热与供冷系统，为2个采暖期、供冷期。

（4）电气管线、给排水管道、设备安装，为2年。

（5）装修工程，为2年。

（6）其他项目的保修期限由建设单位和施工单位约定。

房屋建筑工程保修期从工程竣工验收合格之日起计算。

房屋建筑工程在保修期限内出现质量缺陷，建设单位或者房屋建筑所有人应当向施工单位发出保修通知。施工单位接到保修通知后，应当到现场核查情况，在保修书约定的时间内予以保修。发生严重影响使用功能的紧急抢修事故，施工单位接到保修通知后，应当立即到达现场抢修。

发生涉及结构安全的质量缺陷，建设单位或者房屋建筑所有人应当立即向当地人民政府建设行政主管部门报告，采取安全防范措施；由原设计单位或者具有相应资质等级的设计单位提出保修方案，施工单位实施保修，原工程质量监督机构负责监督。

施工单位不按工程质量保修书约定保修的，建设单位可以另行委托具备相应资质的其他施工单位保修，由原施工单位承担违约责任。保修义务和保修的经济责任的承担应按照《房屋建筑工程质量保修办法》（中华人民共和国建设部第 80 号令）第十三～十五条原则处理。第十三条"保修费用由质量缺陷的责任方承担。"第十四条"在保修期内，因房屋建筑工程质量缺陷造成房屋所有人、使用人或者第三方人身、财产损害的，房屋所有人、使用人或者第三方可以向建设单位提出赔偿要求。建设单位向造成房屋建筑工程质量缺陷的责任方追偿。"第十五条"因保修不及时造成新的人身、财产损害，由造成拖延的责任方承担赔偿责任。"

4.3.2　依法合规注意事项

《建设工程质量保证金管理办法》(建质〔2017〕138号)第六条"在工程项目竣工前，已经履约保证金的，发包人不得同时预留工程质量保证金。采用工程质量保证担保、工程质量保险等其他保证方式的，发包人不得再预留保证金。"第七条"发包人应按照合同约定方式预留保证金，保证金总预留比例不得高于工程价款结算总额的3%。合同约定由承包人以银行保函替代预留保证金的，保函金额不得高于工程价款结算总额的3%。"

防范可能出现的问题：未按规定留取质量保证金或保证金总预留比例高于工程价款结算总额的3%。质保金在缺陷责任期满后未按有关规定和合同约定返还，造成合同纠纷。

4.3.3　涉及相关信息系统

无。

第 2 篇

生产辅助技改大修项目

5 概念及分类

5.1 项目概念

生产辅助技改大修项目是指各级单位生产辅助房屋（办公用房、教育培训、周转住房）及其配套设备设施、教育培训的实训设备设施改造、大修项目。

生产辅助技改是指对生产辅助房屋的各分系统进行更新、完善和配套改造，以提高其安全性、可靠性、经济性，满足智能化、节能、环保等要求的技术改造工作。

生产辅助大修是指为恢复现有生产辅助房屋的各分系统原有形态、作用和功能，满足环境、工作的要求，确保安全运行所进行的大修工作。

生产辅助技改大修主要包括下列九个分系统：

（1）结构分系统；

（2）围护分系统（含室外）；

（3）装饰装修分系统；

（4）给水排水分系统；

（5）供热采暖分系统；

（6）空调通风分系统；

（7）电气分系统；

（8）电梯（机械车库）分系统；

（9）建筑智能化（含消防）分系统。

5.2 项 目 分 类

生产辅助技改、大修项目按照建设和资金规模分为限上、限下、零星项目。

1. 国家电网公司专项项目（国家电网公司统筹安排资金）

限上项目指单项投资总额在 300 万元及以上的项目；限下项目指单项投资总额在 100～300 万元的项目；零星项目指单项投资总额在 100 万元及以下的项目。

2. 自主成本项目（各单位自主安排资金）

限上项目指单项投资总额在 100 万元及以上的项目；限下项目指单项投资总额在 100 万元以下的项目。

5.3 项目管理流程概述

国家电网公司专项：计划申报生产辅助技改、大修项目应提前开展可研编制（一般省公司每年 5～7 月组织评审），落实项目实施必要性、可行性等，上报国家电网公司、公司审核通过后纳入综合计划并于次年（一般在 2 月）下达。综合计划下达后，国家电网公司系统内部组织开展初设评审、初设批复、完成招投标及合同签订后方可开工。工程施工期间，规范组建项目部，落实各方安全、进度、质量、造价等管理责任，抓好施工过程管理。项目竣工后，按要求及时完成项目结算决算、档案移交等工作。

自主项目：根据本单位发展部综合计划管理要求，及时编制项目可研，综合计划下达后参考国家电网公司专项项目规范开展工程实施。

生产辅助技改、大修项目提报条件详见《国家电网公司非生产性技改项目技术规范》（Q/GDW 11562—2016）、《国家电网公司非生产性大修项目技术规范》（Q/GDW 11563—2016）。根据《国家电网有限公司生产辅助技改、大修项目管理办法》[国网（后勤/3）442—2019]第八条"各级单位日常及时修复房屋使用过程的轻微损伤、排除设备设施的运行故障，保持房屋及其设备设施正常使用功能和运作的维护保养，列入本单位日常维修成本管理。"

6 项目开工前管理

6.1 项目计划管理

6.1.1 工作内容

1. 可行性研究管理

（1）国家电网公司专项可行性研究管理。专项可研启动阶段：省公司后勤部一般在每年 5 月份下发关于开展下一年度生产辅助技改大修项目专项计划储备工作的通知，启动下一年度专项计划编制工作，明确专项计划编制要求，组织各单位开展可研编制工作。各单位综合服务中心根据省公司工作要求，委托框架协议可研及可研估算中标单位开展项目可行性研究报告编制工作，正确应用可行性研究报告模板，编制时注意必要性充分、设计规范、造价合理、资产卡片对应。

专项可研评审阶段：可行性研究报告编制完成后，各单位进行初步审核。重点审核项目的必要性、可行性和经济性等，确保项目可行性研究报告内容完整、投资合理，结论明确，实施可行。审核通过后，将项目相关信息录入智慧后勤服务保障平台和财务智慧评审工具，根据省公司下发的集中审查会通知（一般在 6 月底 7 月份初），报省公司后勤部审核；省公司后勤部组织财务部、经研院等专家进行评审，各单位组织可研编制单位根据专家审核意见及时修改，在规定时间内参加复审。

按照《国家电网有限公司生产辅助技大修项目管理办法》，国家电网公司专项生产辅助技改大修限上项目可行性研究报告由国网后勤部统一组织评审（一般 8 月份）；限下及零星项目由省公司后勤部统一组织评审。

专项可研批复阶段：国网后勤部对可行性研究报告审查通过的限上项目进行批复。省公司后勤部对可行性研究报告审查通过的限下及零星项目进行批复。

9 月 30 日前，国网后勤部完成限上项目可研审批，省公司应完成限下项目和零星项目可研审批，并按照项目重要性及紧急性排序，上报国网后勤部备案。

（2）自主成本可行性研究管理。

自主可研启动阶段：各单位综合服务中心负责组织开展自主成本生产辅助大修项目可行性研究报告编制工作，可行性研究报告编制要求同国网专项一致。自主项目一般每年有多个批次，由于自主项目均为大修成本性项目,当年必须完成项目结算,故各单位综合服务中心应与发展部做好沟通,根据需求提报就近批次,并及时规范完成项目竣工结算等全过程管理工作。

自主可研评审、批复阶段:自主成本生产辅助大修限上项目(100万元及以上)可研由省公司后勤部组织评审、批复,经研院出具评审意见;限下项目(100万元以下)可研由各市公司综合服务中心组织评审、批复,市公司经研所出具评审意见,批复文件报省公司后勤部备案。

省公司本部、业务支撑和综合单位的限上项目可研由省公司后勤部组织评审、批复,经研院出具评审意见;限下项目可研由各单位自行组织评审、批复,经研院出具评审意见。

各单位需将项目可研等信息录入财务智慧评审工具,进行可研经济性与项目合规性评价,经市公司/业务支撑和综合单位及省公司财务部审核通过。

2. 项目储备管理

(1)国家电网公司专项储备管理。

储备流程阶段:国网后勤部组织相关专家根据需求审查项目储备库,省公司后勤部根据审核意见,对项目储备库进行修改、完善(必要时可退回至地市公司进行修改、完善)。并及时对智慧后勤服务保障平台-专项计划建议模块进行数据维护。项目储备库经公司统一固化,生

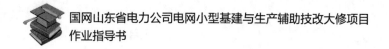
成项目编码后，国网后勤部通过对智慧后勤服务保障平台数据推送操作，将固化后的储备库下达各单位。

专项计划管理阶段：生产辅助技改大修专项计划的编制与审核环节主要包括年度专项计划编制，本单位内部审核，国网后勤部审查，公司总控目标确定和分解下达，智慧后勤服务保障平台信息维护等工作。

每年10月31日前根据公司发展部审定的总控目标，省公司以国网后勤部项目储备库为基础，完成专项计划建议修改、调整，并进行优化排序，编制完成省公司生产辅助技改大修专项总控目标建议报告，并报省公司发展部纳入综合计划建议。国网后勤部对各单位主要计划指标建议提出审核意见。国网发展部会同财务部，做好综合计划与预算衔接和需求与能力的平衡，提出下一年度总控目标建议，会同专业部门确定下一年度预安排项目，报公司党组会审定。

结合公司经营发展需要、项目储备情况，省公司后勤部编写生产辅助技改大修项目年度总控目标建议，对智慧后勤服务保障平台专项计划管理模块项目信息进行维护后报送国网后勤部审核，同步报送省公司发展部。

国网后勤部对总控目标进行审核，审核通过后转入总控目标下发，报送发展部。国网后勤部将经审定的总控目标和下一年度预安排项目下发各单位。

（2）自主成本储备管理。

储备流程阶段：各单位需将自主成本项目信息录入后勤房地资源管理系统，省公司后勤部审核通过后纳入储备。各单位上传党委会会议纪要或综合计划，申请项目下达。同步将下达项目信息录入统一项目储备库管理系统，经市公司财务部、省公司后勤部、省公司财务部审批通过后流程结束，生成企业级编码。

市公司财务部发布项目预算后，各单位可在 ERP 系统创建项目，经由市公司财务部—省公司财务部—省公司后勤部—省公司财务部审批通过后，形成项目定义。

6.1.2 依法合规注意事项

申报原则注意事项：根据《国家电网有限公司总部"三重一大"决策管理办法》[国网（办/2）234—2023]第九条"小型基建、技改大修等项目安排，按照公司分级审批权限和标准，分专业、分层级严格审批，在履行规划、可研、项目储备、综合计划和预算草案编制等规定程序后，纳入年度综合计划、预算安排及调整，集中履行综合计划和预算决策程序。其中，重大项目先履行"三重一大"决策程序，再纳入年度综合计划、预算安排及调整，未决策项目不得实施。"

国家电网公司专项项目包括生产辅助技改、生产辅助大修项目。自

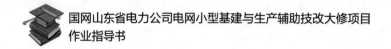

主成本项目仅包括生产辅助大修项目，生产辅助技改项目不可以申报自主成本项目。生产辅助大修受资产原值的限制，项目申报资金不得超出资产原值的 50%。所有项目的申报五年内不得重复立项。

可研报告注意事项：项目可研文本严格按照国家电网公司下发的生产辅助技改大修项目模板进行编制，编制内容要符合生产辅助技改大修项目管理要求，项目可行性、必要性要提供必要支撑材料，造价估算编制依据充分，设计方案合理可行。设计方案的合理性、可行性和经济性是否满足有关要求和规定。

其他需要注意的问题：编制可研前应与框架单位沟通好预留合同额度，以防额度用满无法签订合同。

6.1.3 涉及相关信息系统

智慧后勤服务保障平台：各市县公司将国家电网公司专项可研报告、评审意见和批复文件等相关信息录入智慧后勤服务保障平台计划建议模块，信息与相关附件应确保真实性、准确性、一致性，省公司及国家电网公司后勤部审核通过后纳入储备。

后勤房地资源管理系统：各市县公司将自主成本项目可研、评审、批复意见等相关信息录入后勤房地资源管理系统计划建议模块，省公司后勤部审核通过后纳入储备。各市县公司在项目储备管理模块上传党委会议纪要或综合计划，申请项目下达，省公司后勤部审核通过后，纳入下达。

财务智慧评审工具：国家电网公司专项及自主成本项目可研评审阶段，各市县公司将项目可研等相关信息录入财务智慧评审工具，进行项目可研经济性与财务合规性评价，市公司及省公司财务部进行审核。

统一项目储备库管理系统：各市县公司将自主成本项目可研等相关信息录入统一项目储备库管理系统，发起工作流程，依次经市公司财务部、省公司后勤部、省公司财务部审批通过后流程结束，生成企业级编码。

6.2 初步设计和施工图管理

6.2.1 初步设计管理

综合计划下达后，各单位组织设计及造价咨询框架协议中标单位编制初步设计文件及概算，进行初步审核，重点审核初步设计文件是否符合需求，是否响应可研批复意见，初步设计方案的合理性、可行性和经济性是否满足有关要求和规定。

1. 国网专项初步设计

初设评审阶段：省公司一般每年 2～4 月份下发关于召开初步设计

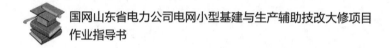

审查会通知,并组织审核,各单位组织设计及造价咨询单位根据专家审核意见及时修改,在规定时间内参加复审。

初设批复阶段:国家电网公司专项生产辅助技改大修 800 万元以下限上项目以及限下项目(100 万元及以上)初步设计及概算由省公司统一组织评审、批复,经研院出具评审意见。零星项目(100 万元以下)由各市公司组织评审、批复,市公司经研所出具评审意见;省公司本部、业务支撑和综合单位零星项目(100 万元以下)由各单位自行组织评审、批复,经研院出具评审意见。

2. 自主成本项目初步设计

初设评审阶段:项目可研批复后,省公司后勤部组织对限上项目进行评审,各单位组织设计及造价咨询单位根据专家审核意见及时修改,在规定时间内参加复审通过后,经研院出具评审意见;市公司综合服务中心组织对限下项目初设进行评审,各单位组织设计及造价咨询单位根据专家审核意见及时修改,在规定时间内参加复审通过后,市公司经研所出具评审意见;省公司本部、业务支撑和综合单位限下项目由各单位自行组织评审,组织设计及造价咨询单位根据专家审核意见及时修改,在规定时间内参加复审通过后,经研院出具评审意见。

初设批复阶段:省公司后勤部对限上项目进行批复,市公司综合服务中心/省公司本部、业务支撑和综合单位项对限下项目进行批复。

6.2.2　施工图管理

项目招标前由设计单位出具盖章版正式施工图，作为工程量清单的编制基础，同时作为施工作业和设计单位履责的重要依据。

生产辅助技改、大修项目施工图编制是在取得初步设计批复意见后，组织设计单位把项目建设目标以施工图的形式表达出来。施工图编制应严格按照项目初步设计批复意见执行，图纸内容满足国家、地方及公司现行的相关标准及要求。

施工图设计文件主要包括建筑、安装和非标准设备制作施工详图及设计说明。施工图是进行工程施工、招投标编制施工图预算和施工组织设计的依据，也是进行技术管理的重要技术文件。施工图一般包括建筑施工图、结构施工图、给排水、采暖通风施工图、电气施工图、设计文件计算书及设计专篇等。

项目施工图的改造大修规模不能突破初步设计批复的规模。

因项目实施改变建筑物外形、颜色等需报所在地政府主管部门备案的，应按照当地政府主管部门要求，对提交的相关专业施工图文件进行审查，以确定项目是否满足强制性标准和规范的过程，待审查通过后方可实施。

消防设计审核、人防设计审查等技术审查并入施工图设计文件审

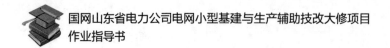

查，相关部门不再进行技术审查，消防设计图审查完成后按照当地政府
住房和城乡建设主管部门要求确定是否进行备案。

6.2.3　依法合规注意事项

初设报告注意事项：项目初步设计文本严格按照国家电网公司下发
的生产辅助技改大修项目模板编制，编制内容要符合生产辅助技改大修
项目管理要求，造价概算编制依据充分，设计方案合理可行。项目初步
设计原则上应依据批复的项目可研进行编制，投资概算不应超已批复的
可研估算。如在初步设计阶段项目建设内容或投资概算超出原可研批复
意见，项目应重新履行审批程序。

其他需要注意的问题：编制初设前应与框架单位沟通好预留合同额
度，以防额度用满无法签订合同。

6.2.4　涉及相关信息系统

智慧后勤服务保障平台：综合计划下达后，各市县公司及时维护初
设及评审、批复意见、施工招标、开、竣工报告、结算、决算、归档等
项目相关信息。

后勤房地资源管理系统：项目实施过程中，各市县公司及时维护初
设及评审、批复意见、施工招标、开、竣工报告、结算、归档等项目相

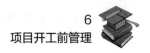

关信息。

ERP 系统：项目创建、工单、采购申请、采购订单均需在 ERP 系统操作，操作步骤详见相关操作手册。

6.3 招 标 管 理

6.3.1 工作内容

1. 招标方式选择

国家电网公司专项：省公司物资部一般在每年年初印发年度招标采购计划，明确年度招标采购计划时间安排、两级集中采购目录、固定授权采购范围和直接委托范围，根据采购目录，生产辅助技改大修国家电网公司专项原则上均纳入省公司集中采购范围，通过省公司"一事一授权"审批的项目可纳入授权采购，因安全风险较大等原因需纳入地方监管的项目可根据需求在属地公共资源交易大厅招标，并按要求同步在公司电子商务平台发布相关信息。

自主项目：市公司物资部一般在每年年初印发年度招标采购计划，明确年度招标采购计划时间安排、两级集中采购目录、固定授权采购范围和直接委托范围，根据采购目录，生产辅助大修自主项目原则上均纳入市公司集中采购范围。

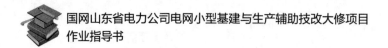

省公司本部、业务支撑和综合单位的自主项目根据各单位物资部门采购计划安排，原则上均纳入各单位集中采购范围。对于不存在物资部门或无权自行集中采购的单位，自主项目应纳入省公司集中采购范围。

2. 招标管理

一般每年下半年，省公司后勤部组织下一年度生产辅助技改大修项目可研、可研估算、设计、监理、造价咨询招标。单项合同金额 100 万元以下的可研、可研估算、设计、监理、造价咨询项目可直接应用框架协议招标结果。

单项合同金额 100 万元及以上的可研、可研估算、设计、监理、造价咨询项目及超出框架协议额度范围的项目纳入省公司批次招标采购。项目单位应根据年度物资部采购批次安排，选择合适批次进行采购。采购需在 ERP 系统创建采购申请，维护采购策略，在电子商务平台上传技术规范书，提报采购计划，报省公司后勤部审核。省公司物资部组织专家对采购计划进行审查，计划审查通过后，省公司物资部组织开标、评标。

在设计单位出具盖章版正式施工图并经审查合格后，由造价单位按照施工图进行控制价和工程量清单编制，调整项目技术规范书，进行招标。

6.3.2　依法合规注意事项

对生产辅助技改大修项目设计、监理、施工、造价咨询等参建单位按规定进行招标，不得出现未招标先实施、拆分工程以规避公开招标的行为。

防范可能出现的问题：未招标即组织施工单位入场施工，将限上项目拆分为多个限下项目规避批次招标。

6.3.3　涉及相关信息系统

批次招标采购的项目，需要在电子商务平台上传技术规范书，在 ERP 系统创建采购申请，维护项目采购策略。详见相关操作手册。

6.4 合 同 管 理

6.4.1　工作内容

1. 合同流转

合同签订需在 ERP 系统创建采购订单，传送到数字化法治企业建设平台，上传中标通知书、框架协议、参建单位营业执照、法人授权等支撑材料，经物资部、财务部、办公室等相关部门审批后生成二维码合

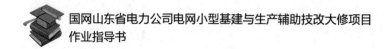
同，确认合同生效。合同签订应根据框架或批次招标文件等要求选择合适模板。

2．合同签署

合同签署应规范、准确，避免出现合同签订日期不填或日期时间逻辑错误、纸质合同签订日期与经法系统流转不一致、合同内容填写不完整、合同约定的折扣率与中标通知书不一致、主要条款约定事项不明确等情况。合同应符合《中华人民共和国招标投标法》《国家电网有限公司合同管理办法》有关规定，合同签署不应倒签、补签。合同生效前，不得实际履行合同，涉及财务支出的不得付款。

3．施工合同价格条款

施工合同价格条款对工程价款的调整、索赔与现场签证、争议的解决、质量保证（保修）金，以及与履行合同、支付价款有关的其他事项等进行约定，相关约定要与框架协议及招投标文件一致，对于批次招标的施工合同，结算单价以投标工程量清单报价为依据。合同中没有约定或约定不明的，由双方协商确定；协商不能达成一致的按《建设工程工程量清单计价规范》等国家法律法规和规范执行。

6.4.2 依法合规注意事项

时间要求：招标人和中标人应当自中标通知书发出之日起 30 日内，

按照招标文件和中标人的投标文件订立书面合同。招标人和中标人不得再行订立背离合同实质性内容的其他协议。

合同签订：建设单位与承包单位应严格依法签订合同，明确双方权利、义务、责任，严禁违法发包、转包、违法分包和挂靠，确保工程质量和施工安全。发包人与中标的承包人不按照招标文件和中标的承包人的投标文件订立合同的，或者发包人、中标的承包人背离合同实质性内容另行订立协议，造成工程价款结算纠纷的，另行订立的协议无效。

防范可能出现的问题：合同签订不及时，出现倒签、补签合同事项；合同约定不明确影响合同实施、责任认定。

6.4.3　涉及相关信息系统

在 ERP 系统中创建采购订单，并同步传送至数字化法治企业建设平台，将拟好的合同在流程中发起，进行流转、审批。

6.5　废旧物资管理和政府主管部门审批手续

6.5.1　废旧物资管理

项目开工前及时与物资部进行沟通，掌握需要进行废旧物资报废处置的物资、设备及报废处置流程，提前做好现场拆除废旧物资、设备的

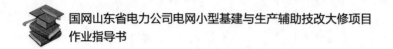
报废处置准备。

6.5.2　政府主管部门审批手续

建筑物外立面改造、玻璃幕墙改造、建筑物整体装饰装修、加装电梯等项目需报政府主管部门审批的，根据相关要求规范办理审批手续。如因政府主管部门原因未能取得审批手续的项目，需留存相关报批材料，备案留查。

6.5.3　依法合规注意事项

生产辅助技改、大修项目施工过程中拆除的废旧物资应根据物资部门要求及时做好报废处置。电梯改造项目应根据相关要求规范办理质检手续后方可办理竣工验收。

6.5.4　涉及相关信息系统

通过 ERP 系统"BPM 工作流"选择"资产设备/非资产设备"开展废旧物资报废，上传"报废鉴定审批表"进行流转、审批。

7 建设过程管理

7.1 开工管理

7.1.1 工作内容

本节主要介绍项目部组建、图纸会审及交底、第一次工地例会、开工审批。

1. 项目部组建

施工、监理等合同签订后，应及时组建业主、施工、监理、造价咨询项目部，业主项目部成立文件应以正式文件形式下发。业主项目部组织施工单位按要求组建现场临时办公场所，设置业主、监理、施工、会议室等办公室；审查监理、施工项目部人员配备是否与投标承诺一致，人员资格是否符合相关要求；审核现场办公场所办公设施、交通设施、检测设备设施等是否符合规定。

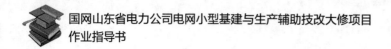

2. 第一次工地例会

会议流程：工程开工前，由业主项目部主持召开第一次工地例会，业主、监理、施工、造价咨询项目部分别对各自人员分工、开工准备、安全风险点及安全措施落实等情况进行介绍、沟通和协调。会议纪要由监理项目部整理，与会各方代表会签。

3. 图纸会审及交底

主要内容：图纸会审及设计交底包括设计图纸发放、预审，设计交底，图纸修改，施工图预算编制、审核等工作。

流程要求：图纸会审及设计交底工作应在项目开工前进行，业主项目部在收到设计单位施工图后，向监理项目部及施工项目部发放。各参建单位收到施工图后，组织相关专业技术人员充分熟悉施工图，了解设计意图，对图纸进行全面查阅，重点从功能要求、建设标准、政府施工审查意见落实情况、是否满足工程建设强制性条文和合同约定的有关质量要求等方面进行审查。施工项目部校核图纸完整性、工艺优化和施工说明等情况，落实施工图的可实施性。设计结构、电梯、消防等分系统技改大修工程，参建单位需要安排专人查阅原有楼宇施工图纸，并到施工现场核实是否符合现场实际。参建单位查阅完毕后书面提出图纸预审纪录，在图纸会审前三日，将预审记录送交设计单位，设计单位在图纸会审时对有关问题进行答复。

会议要求：业主项目部负责组织召开设计交底及图纸会审会议。设计交底时设计单位应对施工图进行总体介绍，说明设计意图、特殊工艺要求，特别要交代清楚该分系统技改大修与本楼宇其他分系统关联关系、注意事项、对图纸预审存在的问题及结构、电梯等特殊分系统在施工中的难点、疑点进行答疑。施工项目部结合预审记录以及对设计意图的了解，提出对设计图纸的疑问和建议。会后施工单位整理图纸会审会议纪要并与会各方代表会签，设计单位整理设计交底会议纪要并与会各方代表会签，设计单位依据纪要修改完善施工图。施工项目部依据修改完善的施工图编制施工预算，编制应依据招投标文件及合同约定条款，由设计、造价单位进行审核。

4. 审批开工报告

开工制度：生产辅助技改大修项目实施应认真落实开工报告制度。开工前，业主项目部要完成以下工作：电梯、消防、幕墙等专业技改大修项目在地方办理完成审核备案；施工图纸或方案经审查批准；业主项目部人员配置齐全，人员已到位；组织完成设计交底及施工图纸会审。

开工审核：施工项目部完成约定的各项开工条件后，编制开工报告及开工报审表，签字盖章后报业主、监理项目部审核。监理项目部按照标准化开工要求，审核施工项目部上报的施工组织设计及开工条件、开工报审表、开工报告等。符合要求时，由总监理工程师签字后报业主项

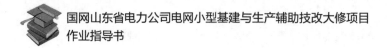
目部。业主项目部对监理项目部审核通过的开工报告、开工报审表、施工组织设计进行审批。审核内容包括：施工组织和劳动安排；材料供应、机械进场情况；材料试验及质量检查手段；安全文明施工方案，针对电梯、幕墙等分系统的专项施工方案、进度计划等。

开工审批：开工报告、开工报审表经业主项目部审批同意后，由总监理工程师签发工程开工令。业主项目按照生产辅助技改大修管理规定，留存开工报告、开工报审表、工程开工令等开工资料备案。

7.1.2 依法合规注意事项

落实图纸会审及设计交底：建设工程设计单位应当在建设工程施工前，向施工单位和监理单位说明建设工程设计，解释建设工程的设计文件，并应及时解决施工中出现的设计问题。施工单位、监理单位发现建设工程设计文件不符合工程建设强制性标准、合同约定的质量要求，应当报告建设单位，建设单位有权要求建设工程设计单位对建设工程设计文件进行补充、修改。

开工报告办理：项目实施单位完成合同签订、地方备案手续办理（如需要）后，方可办理开工报告审批流程，禁止未批先建。

防范可能出现的问题：未完成合同签订、未办理开工报告审批流程等前期工作，自行组织意向单位提前开展项目实施。

7.1.3 涉及相关信息系统

项目开工报告上传智慧后勤服务保障平台、后勤房地资源管理系统。

7.2 过 程 管 理

7.2.1 工作内容

本节主要介绍建设协调管理、安全管理、质量管理、进度管理、变更管理。

1. 建设协调管理

建设单位协调公司各部门，提供满足施工单位进度计划需求的作业场地。组织召开业主项目部工作会议，安排部署业主项目部工作，主持定期召开工程协调会议（各参建单位参加）或专题协调会（相关参建单位参加）协调解决工程重大问题。

2. 安全管理

安全过程管理：施工项目部应对所承包工程建设中的施工安全总负责，必须与业主方签订安全施工协议、否则不得进场施工。对于业主、监理项目部下发的有关文件，施工项目部必须按期认真整改执行。各参

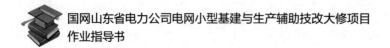

建单位应按规定建立和健全安全监督机构、保证三级安全监督网的监控
作用。坚持安全检查和安全例会制度。业主、监理项目部定期组织联合
安全检查和召开安全工作会议，施工项目部的安全管理人员参加，根据
检查结果组织实施整改措施，及时消除事故隐患。施工项目部结合项目
实际，编制应急处置方案，预案、方案应合理、准确、可行，并经监理
项目部总监理工程师、业主项目部项目经理审批。在防火重点部位或场
所及禁止明火区动火作业，应严格执行动火有关规定，填写动火工作票；
动火作业应有专人监护，作业前应清除动火现场及周围易燃物品，或采
取其他有效的防火安全措施，配备足够适用的消防器材；动火作业现场
的通风应良好，在动火作业或终结后，应清理现场，确认无残留火种后，
方可离开。

重大风险管控：根据《危险性较大的分部分项工程安全管理规定》
（中华人民共和国住房和城乡建设部令第 37 号），属于危险性较大的分
部分项工程施工单位应编制专项施工方案，报监理单位审批后实施；对
于超过一定规模的危险性较大分部分项工程的专项施工方案还应要求
施工单位组织专家论证，专家从设区的市级以上地方人民政府住房城乡
建设主管部门建立的专家库选取，通过论证后经监理单位审批后实施。
实施过程中应要求施工单位严格按照审批的专项施工方案施工，如施工
现场与施工方案不符，监理项目部应及时下发监理通知单要求施工单位

整改，必要时报建设单位同意下发工程暂停令。如施工现场确实无法满足施工方案的实施，施工单位应修改施工方案并重新报监理单位审批，需要专家论证的重新论证，通过后按照修改的施工方案实施。危险性较大的分部分项工程和超过一定规模的危险性较大分部分项工程范围及管理要求详见《危险性较大的分部分项工程安全管理规定》（中华人民共和国住房和城乡建设部令第 37 号）。

应急响应管理：发生安全事故后，事故现场人员应立即向本单位负责人报告，立即启动应急预案，及时报告业主项目部、监理项目部，安排专人严格保护现场，单位负责人接到报告后应于 1 个小时内向事故发生地县级以上人民政府安全生产监督管理部门和负有安全生产监督管理职责的有关部门报告。情况紧急时，事故现场有关人员可以直接向事故发生地县级以上人民政府安全生产监督管理部门和负有安全生产监督管理职责的有关部门报告。特种设备发生事故的，还应当同时向特种设备安全监督管理部门报告。

当发生下列情形之一时，业主项目部应监督施工项目部及时修订应急处置方案：

（1）依据的法律、法规、规章、标准及预案中有关规定发生重大变化的。

（2）应急指挥机构及其职责发生调整。

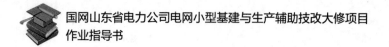

（3）面临的事故风险发生重大变化的。

（4）重要应急物资发生重大变化的。

（5）预案中的其他重要信息发生变化的。

（6）在应急演练和事故应急救援中发现问题需要修订的。

（7）编制单位认为应当修订的其他情况。

3. 质量管理

进场材料管理：施工项目部按照施工进度编制材料进场计划，监理项目部审批进场计划表，组织业主项目部、施工项目部等相关人员考察材料，业主项目部确认经考察合格的材料，封样留存后批量采购。

监理项目部按有关规定、监理合同约定对到场材料进行平行检验，包括规格、型号、品牌、数量、与封样材料的一致性、资料（出厂合格证、法定检验单位出具的质量检验报告）等；对已进场经检验不合格的工程材料，督促施工项目部限期将其撤出工程现场。

施工项目部将需复试检测材料经监理工程师见证取样后，送检测部门进行材料复试、检测，由检测部门出具材料质量检验报告。

工程预检管理：监理工程师在施工现场进行有目的、有计划的巡视和检查，事先应对工程的实际情况明确施工过程的关键工序、特殊工序、关键部位和重要部位的控制点，在巡视过程中发现并及时纠正不符合设计文件、不符合施工规范、使用不合格材料、构配件及设备等所发生的

问题。

隐蔽工程管理：对要进行隐蔽的工程，施工项目部必须按《建筑工程施工质量验收统一标准》（GB 50300—2023）及有关规范要求对隐蔽工程做好自查自检工作，按规范要求准备好隐蔽工程验收记录单，以备现场监理工程师验收及时记录。

施工项目部应在工程隐蔽前 24 小时向监理项目部提交隐蔽工程报审报验表，监理工程师应在接到通知后 24 小时内到现场进行隐蔽验收，业主项目部参与监督隐蔽工程工作。

监理项目部对验收合格的应在隐蔽工程验收记录单给予签认；对验收不合格的应拒绝签认，下发监理通知单，要求施工项目部在指定的时间内整改并重新报验，直至达到要求，否则不得进行下一道工序的施工。

对于隐蔽工程的隐蔽过程，下道工序施工完成后难以检查的重点部位，总监理工程师应安排专业监理人员进行旁站监理。

质量问题处理：业主项目部专业人员发现工程质量问题时，以工作联系单书面通知监理项目部，监理项目部组织问题分析、定性，同时加强现场管控。

监理项目部发现施工存在质量问题时，或施工项目部采用不适当的施工工艺、施工不当，造成工程质量不合格的，应及时签发监理通知单，要求施工项目部编制整改方案报监理项目部审批，审批后的整改方案报业主项目部备案，施工项目部根据批复方案进行整改；整改完毕后，监理项目部应根据施工项目部报送的监理通知回复单对整改情况进行复查，复查合格进行下一道工序施工，业主项目部参与检查监督整改工作。对需要返工处理或加固补强的质量问题，监理项目部应要求施工项目部报送经设计等相关单位认可的处理方案，并对质量缺陷的处理过程进行跟踪检查，同时对处理结果进行验收。

出现质量事故时，各项目部应立即启动相应应急预案，派专人严格保护现场，并上报有关部门按国家法定程序处理。

4. 进度管理

进度要求：建设单位应按照工程建设程序和国家强制性标准提出工期要求，避免盲目赶工期等情况发生，确保安全生产。

进度审核：施工项目部每月编制施工月报，上报监理项目部审核，监理项目部督查、检查施工项目部的进度计划执行情况，编制监理月报报业主项目部审核。

进度调整：需要工期调整的，施工项目部填报工程临时/最终延期报审表报监理项目部审查，并经业主项目部审批后实施，各方根据调整工期产生的原因填写索赔意向通知书，提出工期索赔。根据合同内容审批施工项目部编制的总进度计划，因施工单位造成工程延期，影响施工单位提出工期索赔。

5. 变更管理

变更要求：变更的提出应符合国家、行业、公司现行的制度、标准和规范要求，确保满足使用功能，合理控制造价，保证建设工期。业主及施工项目部需对原设计进行变更，应提前14日提交设计变更联系单。联系单审核通过后，设计、监理、施工、业主项目部应在7日内完成设计变更审批单的审核、审批工作，并由总监理工程师签发实施。

变更流程：设计单位编制完成设计变更文件后，业主项目部应组织设计、施工、监理单位参加设计变更文件会审及交底。依据会审的设计变更资料，施工项目部编制设计变更施工预算，并提报造价咨询项目部。造价咨询项目部对设计变更预算进行审核，并提报业主项目部审批。业主项目部依据造价咨询项目部审核意见，审批设计变更。施工项目部接到审批的设计变更审批单和设计文件后，及时组织技术管理及施工作业人员实施。业主项目部应对设计变更的实施进行监督。

进度款支付：工程进度款审核内容包括确认项目进度款额度是否符合合同约定，是否与项目进度相符，做到严格控制资金签付，防止提前支付和超额支付。对实施完毕、验收合格的设计变更与现场签证，可根据合同约定纳入工程进度款支付计划。

现场签证：现场签证是指施工过程中出现与合同规定的情况、条件不符合的事件时，针对施工图纸、设计变更所确定的工程内容以外的，

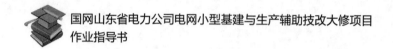

施工图预算或预算定额套取中未包含，而施工过程中确需发生费用的施工内容所办理的签证（不包括设计变更内容）。

现场签证首先由施工项目部提出（现场签证申请报监理及业主项目部同意），并以工作联系单形式报监理项目部进行工程量审核，由造价咨询项目部审核造价后提报业主项目部，业主项目部完成审批后，施工项目部编制现场签证单。引起费用变化的现场签证，监理项目部及时整理报送业主项目部，作为工程结算的依据。未按规定履行审批手续的，其增加的费用不得纳入工程结算。

签证工作完成后，施工单位需根据实际发生量填写现场签证单；监理、造价咨询、建设单位应对签证内容进行验收，现场核实工程量，审查签证费用明细，并签字确认。

下列情况不予签证：

（1）能够在施工图纸中反映出来的工程量及能够通过设计变更进行明确的工程内容不予签证，如工程施工过程中发现图纸不完善或图纸错误，对需要变更的工作内容按设计变更程序办理，不进行现场签证。

（2）如图纸设计错误属施工单位，根据正常施工经验或相关专业图纸对比能够发现的，施工单位应在施工前及时提出，如未发现提出而引起返工修改，不予签证。

（3）施工过程中按照操作程序、施工规范、安全规程、文明施工要求发生的施工措施费，以及施工单位依据施工经验可以预见的有关措施费不予签证。

（4）特殊施工措施费按投标总价的一定比率包干，并在招标时予以确认的，不进行现场签证。

（5）对未经监理单位批准的施工方案改变造成的额外费用不予签证。

（6）由于组织措施不合理及不按图施工等施工单位自身原因而造成的额外费不得进行签证。

（7）对施工单位原因引起的违规处罚不予签证。

价格调整：对于任一招标工程量清单项目，当工程量偏差超过15%时，可进行调整。当工程量增加15%以上时，增加部分的工程量的综合单价应予调低。当工程量减少15%以上时，减少后剩余部分的工程量的综合单价应予调高。设计变更与现场签证的计价应按合同约定条款计算，合同已标价工程量清单中有适用于设计变更与签证工程的价格，按合同已有的价格计算价款，合同已标价工程量清单中没有适用但有类似于设计变更与签证工程的价格，可在合理范围内参照类似价格计算价款，合同已标价工程量清单中没有适用或类似于设计变更与签证工程价格的，一般按照《建设工程工程量清单计价规范》（GB 50500—2013）进行（可参考属地材价信息、同类工程、市场询价等）。不属于依法必须招标的项目：乙供材由承包单位按照合同约定采购，经发包人确认后以此为依据取代暂估价，调整合同价款。甲供材由建设单位组织招标采购，依据中标价格取代暂估价。属于依法必须招标的项目：由发承包双方以招标的方式选择供应商。依法确定中标价格后，以此为依据取代暂估价，调整合同价款。合同另有约定的，按合同约定执行。

费用索赔：索赔事件发生后，业主项目部/施工项目部应在 28 日内，向监理项目部递交索赔意向通知书，说明索赔事件的事由。业主项目部/施工项目部应在发出索赔意向书 28 日内，向监理项目部正式递交索赔报告。索赔报告应详细说明索赔理由以及要求追加的付款金额，并附必要的记录、证明和计算材料。监理项目部、造价咨询项目部应在收到索赔报告后 14 日内完成审查。确定索赔事件后，由审计项目部对费用索赔计算的合理性、正确性进行审核。业主项目部/施工项目部在接到正式索赔报告后，应判明索赔事件的合法性、核算索赔值，并与对方谈判协商，提出索赔处理决定。双方认可索赔结果后，补偿对方损失；对索赔处理决定不满意的，按合同中约定的争议解决条款，采用仲裁或诉讼方式解决。

建设单位及参建各方应妥善保管招投标文件、施工图、设计交底资料、设计变更单、签证单等资料，做好时间、版本的标签标注，做好上述资料的备份，为竣工结算工作保存完整资料。监理单位负责对施工单位提交的竣工资料和文件进行全面审核并签章；尤其对施工全过程中的签证单、索赔、洽商等相关资料的真实性及准确性必须全面审核到位。

7.2.2 依法合规注意事项

1. 安全管理

业主项目部按合同约定及时足额支付安全防护和文明施工措施费，监督施工单位费用使用计划的执行和落实。

防范可能出现的问题：安全文明措施费支付不及时或额度不足。对于危险性较大工程未编制专项施工方案或超过一定规模的危险性较大工程专项施工方案未组织专家论证。

2. 质量管理

建设单位不得以任何方式要求设计、施工等单位违反工程建设强制性标准，降低工程质量；按照合同约定提供的建筑材料、建筑构配件和设备应当符合设计文件和合同要求。

建设单位必须向有关的设计、施工、工程监理等单位提供与建设工程有关的原始资料。原始资料必须真实、准确、齐全。

建设单位不得明示或者暗示施工单位使用不合格的建筑材料、建筑构配件和设备。

建设单位对工程建设全过程质量管理工作负责，督促参建单位建立

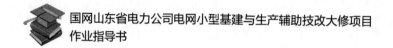

健全工程质量管理体系，并检查落实情况。质量管理体系应包括但不限于以下内容：有明确的施工质量控制目标，施工人员工程质量管理职责与分工明确，制定工程质量保证措施，有相应的施工质量文件及施工组织设计文件等。监督、检查质量管理制度在工程中的贯彻落实情况，现场日常质量巡视，不定期组织质量例行检查活动，跟踪检查出的质量问题的闭环整改情况，组织各参建单位参加上级单位组织的各类质量检查活动。

防范可能出现的问题：原材料入场审核不规范，材料质量差；隐蔽工程验收不规范、不及时，影响项目质量及进度。

3. 造价管理

严格按照合同约定进行资金支付。建设单位应保证工程建设所需资金，按照合同约定对施工单位提出的工程支付申请进行审查，确保工程款按合同约定条款拨付，避免拨付不合理费用或超拨工程款。资金申请及支付需按照公司财务等部门管理规定履行各层级管理人员审批手续。严格执行《国家电网有限公司工程财务管理办法》[国网（财/2）351—2022]工程款项支付须以合同、发票、出入库料单、工程结算等为依据；预付工程款、工程备料款和工程进度款等按照合同约定执行；工程预付款比例原则上不低于合同金额（扣除暂列金额）的 10%，不高于合同金额（扣除暂列金额）的 30%。工程进度款根据确定的工程计量结果，承包人向发包人提出支付工程进度款申请，并按约定抵扣相应的预付款，进度款总额不低于已完工程价款的 70%，不高于已完工程价款的 90%。质保金支付时间应该在缺陷责任期后及时支付。

防范可能出现的问题：未按照合同支付资金，进度款审核权限不准确，超比例支付进度款，提前支付进度款等。

4. 进度管理

施工进度管理需提前制定工程里程碑进度计划，工程里程碑进度计划不得任意压缩合理工期，保障进度计划刚性执行。在结算中应合理规范执行合同对工期延误处罚等条款，避免后续检查隐患。

防范可能出现的问题：实际施工进度严重滞后里程碑进度计划，无法按期竣工。施工项目部在工期延误时为了抢抓进度忽视安全、质量，造成安全、质量事故。未合理规范执行合同工期延误处罚条款，造成后续检查被动。

5. 变更签证管理

设计变更应注意资料签字时间问题，各级人员签证要明确意见，签署时间。变更申请、变更方案和变更令的签署时间先后顺序和工程开工时间等逻辑顺序是否合理。变更理由的依据要充分，资料要完备，申请理由与设计变更、会议纪要、工程量计算书等各种数据支撑要保持一致性，套用相关标准设计图要合理正确。

工程签证要有利于计价，方便结算，内容应详细、简洁，签证要说

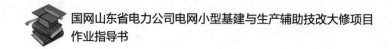

明依据（会议纪要、计算公式及说明、单价分析、影像资料等），内容主要有何时、何地、何因、工作内容、工程量（有数量和计算式，必要时附图）、有无甲供材、隐蔽工程（表明部位、工艺做法），签证发生后应根据合同约定及时处理，审核应严格执行国家及相关规定。

防范可能出现的问题：设计变更与现场签证区别不清晰，无审批流程或审批流程不规范，支撑材料缺乏真实性，变更签证资金占项目结算比例较大。

7.2.3　涉及相关信息系统

智慧后勤服务保障平台：国家电网公司专项项目过程资料填报。

后勤房地资源管理系统：自主成本项目过程资料填报。

ERP 系统：发票入账、资金支付均需在 ERP 系统操作，操作步骤详见相关操作手册。

7.3　验　收　阶　段

7.3.1　工作内容

1. 竣工验收

工程竣工验收是对已竣工工程是否符合设计要求、施工质量验收规范和质量验收规范进行的竣工验收。施工项目部必须完成建设工程设计和合同约定的各项内容并完成自检，监理项目部完成竣工预验收，施工项目部完成所有预验收问题的整改后，业主项目部接到施工单位的竣工报告和全套验收资料后，组织勘察单位、设计单位、监理项目部、施工项目部进行竣工验收，并共同在工程质量竣工验收记录上签字盖章确认。

工程竣工验收必须依据国家现行建设工程竣工验收规范、有关的法律、法规、规章及《国家电网有限公司生产辅助技改、大修项目管理办法》[国网（后勤/3）442—2019]等进行。

业主项目部是工程竣工验收的组织和管理机构，应重点查验施工质量、观感质量、使用功能等是否满足要求，确认工程质量符合设计文件要求，确认已按合同约定完成所有内容。竣工验收合格后，将工程竣工验收报告上传至后勤管理信息系统。

监理项目部应列明工程质量验收标准，各分项、分部工程质量验收情况，提供完整的监理资料。监理项目部在接到施工单位上报的工程预验收报审表后，组织开展工程预验收，对存在大量质量问题、达不到验收标准的项目下达监理整改通知单，整改完成后由监理项目部复验合格后，出具工程质量评估报告，竣工预验收合格后，督促施工单位向建设单位提报施工单位工程竣工报告并签字盖章确认。组织参与竣工验收单

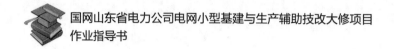

位填写工程竣工验收记录。

施工项目部应提供完整的技术档案（电子和纸质）和施工管理资料，提供工程使用的主要建筑材料、建筑构配件和设备的进场试验报告及合格证，工程质量检测资料等，配合完成对工程质量的全面检查。施工单位在工程竣工进行自检合格后，向监理项目部提报工程预验收报审表。在预验收中，对监理项目部提出的不合格事项进行整改并上报整改通知回复单，监理验收合格后提交施工单位工程竣工报告。

设计单位应对设计文件及施工过程中由设计单位签署的设计变更通知书进行检查。

涉及结构、消防、电梯、外立面等维修改造需政府相关部门参与的，按照相关规定执行。

2. 竣工图管理

竣工图是项目结算及工程全周期管理的重要依据。竣工图的编制应完整、准确、清晰、规范，真实反映项目竣工验收时的实际情况。竣工图编制单位（一般为施工单位）应将设计变更、工程联系单、材料变更等涉及变更的全部文件汇总并经施工单位确认、监理单位审核后，作为竣工图编制的依据，制作全套竣工图并加盖竣工图章。

3. 工程结算管理

时间要求：建设单位应严格执行《国家电网有限公司生产辅助技改、

大修项目管理办法》[国网（后勤/3）442—2019]中工程竣工结算审计的有关规定，启动工程竣工结算工作。施工项目部应在完成合同约定的全部工程内容并通过竣工验收后及时向监理项目部、业主项目部递交工程结算书及完整的结算资料。工程结算资料主要包括合同、工程量清单、设备及材料使用量清单、审查合格的竣工图、工程量签证、设计变更、批价单等。业主项目部收到工程结算书应进行核实，并给予确认或提出修改意见，并将审核过的结算资料、招标资料、图纸、合同及过程资料等及时提交给审计单位进行过程竣工结算审核定案。

资料要求：结算资料务必组成完整，设计变更、签证真实有效，隐蔽工程资料及对应工程量完整，工程量无异常明显的增加或减少，执行合同约定的计价条款，反映投标单价变化情况及原因分析的相关记录齐全，定额套用取费费率无明显错误等。批价单需包含上报价、询价、定价等内容，由施工、造价咨询、建设单位签字盖章。

4. 工程决算管理

时间要求：项目竣工验收后180日内，由业主项目部配合建设单位财务部门完成竣工决算报告的编制及资产入账手续。

资料要求：工程决算的编制依据主要包括工程验收报告、工程施工合同及工程预算、工程结算书、预算外费用签证、建设工程总概算书和单项工程综合概预算书、国家和地方主管部门颁发的有关建设工程竣工

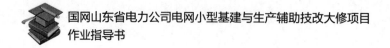

决算的文件等。建设单位应及时向财务部门提交工程立项批复文件、工程招投标文件、工程设计文件、工程开竣工报告、工程竣工验收资料、工程造价审核书等基础资料。

5.资料归档

加强项目档案管理工作，建设单位将项目的前期、施工、监理、竣工验收等主要过程和现状形成的载体文件收集齐全，在项目结算后 30 日内按国家、公司相关规定完成归档工作。归档资料目录参考《国家电网有限公司生产辅助技改和大修项目档案管理规定》[国网（后勤/3）976—2019]附件 2。

7.3.2 依法合规注意事项

项目竣工后 60 日内应完成项目结算工作，120 日内完成项目决算。不得出现"超规模、超投资、超标准"建设"三超"问题，项目建设情况应严格按照批复的初步设计方案实施建设，不得存在擅自扩大建筑规模和提高建设标准的情况。

防范可能出现的问题：因资料缺失或施工质量不高，造成验收整改周期长，影响施工进度。结算审核不严、支撑材料不齐全，造成结算数据不准确。结算书中记取与工程不相关的费用。结算、决算时间迟缓，不符合管理要求。结算、决算金额超批复。

7.3.3　涉及相关信息系统

验收阶段：竣工验收合格后，业主项目部应及时出具工程竣工验收报告，将竣工验收报告上传至智慧后勤服务保障平台。

竣工阶段：国家电网公司专项项目进入智慧后勤服务保障平台完成项目进度管理信息补充，SAP 系统内完成项目竣工和资产转资。自主成本项目进入非生房地资源管理信息系统完成项目进度管理信息补充，SAP 系统内完成项目竣工操作。

结算阶段：生产辅助大修项目竣工结算完成后，将结算报告上传至智慧后勤服务保障平台备案；生产辅助技改项目由建设单位将定案提交本单位财务部编制决算。

决算阶段：竣工决算完成后，将决算报告传至智慧后勤服务保障平台备案。

8 项目后期管理

8.1 工程移交管理

8.1.1 工作内容

1. 档案移交

生产辅助技改大修项目应在决算/结算后 30 日内，依据建设单位档案管理的有关规定，业主项目部协调各项目部按照建设单位档案归档目录将经整理、编目后所形成的项目文件向建设单位档案室移交。业主项目部负责组织、协调和指导施工项目部和监理项目部编制和整理项目建设竣工资料，各项目部应对归档文件的完整、准确情况和案卷质量进行审查，确保项目档案完整、准确、系统。对建设工程档案编制质量要求与组卷方法，应该按照中华人民共和国住房和城乡建设部发布的《建设工程文件归档整理规范》（GB/T 50328—2014），各省、市相应的地方规范及《国家电网有限公司生产辅助技改和大修项目档案管理规定》[国网（后勤/3）976—2019]执行。

2. 实物资产移交

移交内容：工程竣工验收合格，缺陷整改工作完成后 10 日内启动工程实物资产移交，包括总资产移交（包括消防系统、电梯系统、冷热源系统等）、楼宇房间钥匙移交、工程竣工图纸及技术资料移交等；具备移交的基本条件是工程范围内建筑安装工程、市政附属工程全部完成，且通过正式竣工验收，完成综合竣工验收报告，完成政府行政专项验收备案，取得工程竣工验收备案表。

移交流程：资产移交工作由业主项目部组织，实物资产使用单位和施工项目部共同参加；已落实物业管理单位的，应安排物业管理单位参加；成品设备应安排设备供应商参加。业主项目部应做好协调交接查验工作开展、文件资料的准备及移交、交接查验交底会的组织、查验问题的协调处理、移交文件资料的签署等工作。

移交确认：现场查验和资料查验合格后，业主项目部、实物资产使用单位、施工项目部共同确认验收结果，应在 10 日内签订工程交接单并办理完成工程交接手续。对质量不符合规定或未达到验收标准的项目，应现场签字确认，由业主项目部组织施工项目部整改，一般不合格项应在 7～15 日内整改完成，较复杂问题应在 30 日内整改完成，整改完成复验无问题后，共同签字确认交接。资产移交工作应当形成书面记

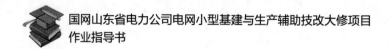

录，记录应包括移交资料明细、重点部位、重点设备设施明细、交接时间、交接方式等内容。交接记录应当由业主项目部、资产使用单位和施工项目部共同签章确认。工程交接查验有关的文件、资料和记录应建立档案并妥善保管。

8.1.2　依法合规注意事项

档案管理：根据《国家电网有限公司生产辅助技改、大修项目档案管理规定》第八条"项目档案管理工作贯穿项目建设始终，按照"一项目一档案"归档。各级单位与设计、监理、施工、勘察等参建单位签订合同时，应设立专门条款以明确其项目档案移交责任。"根据《国家电网有限公司生产辅助技改大修项目管理办法》第三十二条"加强项目档案管理工作，各级单位将项目的前期、监理、施工、竣工验收等主要过程和现状形成的载体文件收集齐全，在项目结算后 30 日内按国家、公司相关规定完成归档工作。"

防范可能出现的问题：档案资料未按规定时间、归档范围完成归档。

8.1.3　涉及相关信息系统

将档案移交清单信息录入智慧后勤服务保障平台。

8.2 评 价 管 理

8.2.1 工作内容

后评价管理：生产辅助技改大修项目投运后 1 个月内，设计、监理、施工单位参照生产辅助技改大修项目部工作总结编制大纲，编写项目部工作总结，盖单位章后，报业主项目部审查和汇编。业主项目部按建设单位要求编写工程建设管理总结，重点汇报建设目标完成情况，取得的综合效益、工程建设特点、难点、亮点和缺点，今后工程需改进的工作等，报建设管理单位备案。

8.2.2 依法合规注意事项

《建筑工程五方责任主体项目负责人质量终身责任追究暂行办法》（建质〔2014〕124 号）项目负责人质量终身责任信息档案包括下列内容：建设、勘察、设计、施工、监理单位项目负责人姓名，身份证号码，执业资格，所在单位，变更情况等；建设、勘察、设计、施工、监理单位项目负责人签署的工程质量终身责任承诺书。

防范可能出现的问题：评价信息不客观，不能如实反映项目实施情况及参建单位状况。

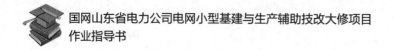

8.2.3　涉及相关信息系统

无。

8.3　质保维修管理

8.3.1　工作内容

1. 质保维修概念

质保维修，是指对房屋建筑工程竣工验收后在保修期限内出现的质量缺陷予以修复。质量缺陷，是指房屋建筑工程的质量不符合工程建设强制性标准以及合同的约定。

2. 质保维修期限

工程的最低保修期按照国家和省有关规定执行。

（1）地基基础工程和主体结构工程，为设计文件规定的该工程的合理使用年限。

（2）屋面防水工程、有防水要求的卫生间、房间和外墙面的防渗漏，为5年。

（3）供热与供冷系统，为2个采暖期、供冷期。

（4）电气管线、给排水管道、设备安装，为2年。

（5）装修工程，为2年。

（6）其他项目的保修期限由建设单位和施工单位约定。

房屋建筑工程保修期从工程竣工验收合格之日起计算。房屋建筑工程在保修期限内出现质量缺陷，建设单位或者房屋建筑所有人应当向施工单位发出保修通知。施工单位接到保修通知后，应当到现场核查情况，在保修书约定的时间内予以保修。发生严重影响使用功能的紧急抢修事故，施工单位接到保修通知后，应当立即到达现场抢修。

发生涉及结构安全的质量缺陷，建设单位或者房屋建筑所有人应当立即向当地人民政府建设行政主管部门报告，采取安全防范措施；由原设计单位或者具有相应资质等级的设计单位提出保修方案，施工单位实施保修，原工程质量监督机构负责监督。

施工单位不按工程质量保修书约定保修的，建设单位可以另行委托具备相应资质的其他施工单位保修，由原施工单位承担违约责任。保修义务和保修的经济责任的承担应按照《房屋建筑工程质量保修办法》（中华人民共和国建设部第80号令）第十三～第十五条原则处理。第十三条"保修费用由质量缺陷的责任方承担。"第十四条"在保修期内，因房屋建筑工程质量缺陷造成房屋所有人、使用人或者第三方人身、财产损害的，房屋所有人、使用人或者第三方可以向建设单位

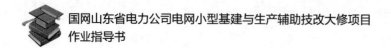

提出赔偿要求。建设单位向造成房屋建筑工程质量缺陷的责任方追偿。"第十五条"因保修不及时造成新的人身、财产损害,由造成拖延的责任方承担赔偿责任。"

8.3.2 依法合规注意事项

《建设工程质量保证金管理办法》(建质〔2017〕138 号)第六条"在工程项目竣工前,已经履约保证金的,发包人不得同时预留工程质量保证金。采用工程质量保证担保、工程质量保险等其他保证方式的,发包人不得再预留保证金。"第七条"发包人应按照合同约定方式预留保证金,保证金总预留比例不得高于工程价款结算总额的 3%。合同约定由承包人以银行保函替代预留保证金的,保函金额不得高于工程价款结算总额的 3%。"《建筑工程五方责任主体项目负责人质量终身责任追究暂行办法》(建质〔2014〕124 号)项目负责人质量终身责任信息档案包括下列内容:建设、勘察、设计、施工、监理单位项目负责人姓名,身份证号码,执业资格,所在单位,变更情况等;建设、勘察、设计、施工、监理单位项目负责人签署的工程质量终身责任承诺书。

防范可能出现的问题:未按规定留取质量保证金或保证金总预留比例高于工程价款结算总额的 3%。

8.3.3　涉及相关信息系统

无。